STAR

星空带你遨游

>> 主编◎王子安 ◁◁

汕頭大学出版社

图书在版编目（ＣＩＰ）数据

带你遨游星空 / 王子安主编. -- 汕头 ： 汕头大学
出版社，2012.5（2024.1重印）
ISBN 978-7-5658-0803-6

Ⅰ．①带… Ⅱ．①王… Ⅲ．①空间探索－普及读物
Ⅳ．①V11-49

中国版本图书馆CIP数据核字(2012)第096864号

带你遨游星空 DAINI AOYOU XINGKONG

主　　编：王子安
责任编辑：胡开祥
责任技编：黄东生
封面设计：君阅书装
出版发行：汕头大学出版社
　　　　　广东省汕头市汕头大学内　邮编：515063
电　　话：0754-82904613
印　　刷：三河市嵩川印刷有限公司
开　　本：710 mm×1000 mm　1/16
印　　张：16
字　　数：90千字
版　　次：2012年5月第1版
印　　次：2024年1月第2次印刷
定　　价：69.00元
ISBN 978-7-5658-0803-6

前　言

　　浩瀚的宇宙,神秘的地球,以及那些目前为止人类尚不足以弄明白的事物总是像磁铁般地吸引着有着强烈好奇心的人们。无论是年少的还是年长的,人们总是去不断的学习,为的是能更好地了解我们周围的各种事物。身为二十一世纪新一代的青年,我们有责任也更有义务去学习、了解、研究我们所处的环境,这对青少年读者的学习和生活都有着很大的益处。这不仅可以丰富青少年读者的知识结构,而且还可以拓宽青少年读者的眼界。

　　天空是蔚蓝色的,因为它有着美丽的云;天空是黑金色的,因为它有着夜晚时的黑色与闪闪发光的星辰;天空亦是风起云涌、惊涛骇浪的,因为它也有着风云变幻的情形。在人类的文字里,不仅有各种描写太空幻想的文学故事、想象独特的古老神话,而且有着精雕细琢的对于太空的科学探索。之所以如此,只为了破解天文谜底。本书即是讲述了跟天文相关的知识,主要分为五个章节。第一章是对天文学科的介绍,包括天文学的概述和发展;第二至四章分别介绍了庞大的太阳家族、恒星行星与卫星、神秘的宇宙星系等内容;第五章则介绍了中外著名的天文学家和天文历法。

　　综上所述,《带你遨游星空》一书记载了美丽星空中最精彩的部分，从实际出发，根据读者的阅读要求与阅读口味，为读者呈现最有可读性兼趣味性的内容，让读者更加方便地了解历史万物，从而扩大青少年读者的知识容量，提高青少年的知识层面，丰富读者的知识结构，引发读者对万物产生新思想、新概念，从而对世界万物有更加深入的认识。

此外，本书为了迎合广大青少年读者的阅读兴趣，还配有相应的图文解说与介绍，再加上简约、独具一格的版式设计，以及多元素色彩的内容编排，使本书的内容更加生动化、更有吸引力，使本来生趣盎然的知识内容变得更加新鲜亮丽，从而提高了读者在阅读时的感官效果，使读者零距离感受世界万物的深奥。在阅读本书的同时，青少年读者还可以轻松享受书中内容带来的愉悦，提升读者对万物的审美感，使读者更加热爱自然万物。

尽管本书在制作过程中力求精益求精，但是由于编者水平与时间的有限、仓促，使得本书难免会存在一些不足之处，敬请广大青少年读者予以见谅，并给予批评。希望本书能够成为广大青少年读者成长的良师益友，并使青少年读者的思想得到一定程度上的升华。

2012年7月

目 录
contents

1

第四章　神秘的宇宙星系

第五章　天文学家和历法

第一章

天文学科的介绍

古往今来，人类每一次仰望夜空的时候，总是会为天幕上点缀的那些点点繁星所吸引。他们还为那些呈特殊排列的繁星创造了特别的名字——星座，并赋予它们美丽的神话故事，在这些故事中表达人类的美好愿望或祝福。从很久远的年代开始，人类就对浩瀚的宇宙充满了好奇，他们在仰望天空的时候总是会猜测天上会不会有神仙？地球上的很多自然现象、天灾人祸，是不是上天的神仙在惩罚人类？由此便出现了神话传说，人们把一些自己不能解释的现象都归因于天上的神仙。但是也有一些人不相信这些，他们通过观察太阳、月亮、星星以及其他天体，发现了它们与自然现象之间的关系，并通过观测和统计归纳，确定了时间、方向和历法等等，为人类的生产生活提供了帮助，这些人也就是最早期的天文学家。随着社会不断进步，人类对宇宙了解得越来越多，也不断发现宇宙中存在的特殊现象，归纳了很多和人类的生产生活有关的规律。为了更清楚地观测宇宙天体和天象，人们还发明了各种各样的天文仪器，并记录下重要的天文现象。古人对宇宙和天象的观测和记录是后来天文学的起源，它们也为后世天文学的研究和发展提供了大量宝贵的经验和资料。

夜空

天文学的概述

天文学是研究宇宙空间天体、宇宙的结构和发展的自然学科。天文学的内容包括天体的构造、性质和运行规律等。人们主要通过观测天体发射到地球的辐射，发现并测量它们的位置，探索它们的运动规律，研究它们的物理性质、化学组成、内部结构、能量来源及其演化规律。当人们在欣赏夜空的时候，能看到天空中闪闪的星星。一部分是行星，但多数为恒星，还有一些是巨大的星系，每个星系中都有成

星 系

百上千亿颗恒星。天文学家的任务就是解释我们在夜空中所看到的各种天体，他们还致力于了解一些其他的东西，例如恒星的年龄以及他们与地球之间的距离等等。

天文学是一门古老的科学，自人类文明出现以来，天文学就有重要的地位。随着人类社会的发展，天文学的研究对象也从太阳系发展到了整个宇宙。人类生在天地之

月　球

间，从很早的年代就在探索宇宙的奥秘，因此天文学一开始就同人类的劳动和生存息息相关。古代的天文学家通过观测太阳、月球和其他一些天体及天象，确定了时间、方向和历法。这也是天体测量学的开端。如果从人类观测天体，记录天象算起，天文学的历史至少已经有五六千年了。天文学在人类早期的文明史中，占有非常重要的地位。埃及的金字塔、欧洲的巨石阵都是很著名的史前天文遗址。

天文学起源于古代人类时令的获得和占卜活动，是以观察及解释天体的物质状况及事件为主的学科。它主要研究天体的分布、运动、位置、状态、结构、组成、性质及起源和演化。在古代，天文学还与历法的制定有不可分割的关系。天文学与其他自然科学的不同之处在于，天文学的实验方法是观测，并通过观测来收集天体的各种信息。因而对观测方法和观测手段

的研究，是天文学家努力的一个方向。

南京大学天文系教授黄天衣曾经说过："几乎所有的自然科学分支研究的都是地球上的现象，只有天文学从它诞生的那一天起就和我们头顶上可望而不可及的灿烂的星空联系在一起。天文学家观测从行星、恒星、星系等各种天体来的辐射，小到星际的分子，大到整个宇宙。天文学家测量它们的位置，计算它们的轨道，研究它们的诞生，演化和死亡，探讨它们的能源机制。天文学和物理学、数学、地理学、生物学等一样，是一门基础学科。

牛顿力学的发现，核能的发现等对人类文明进步起到了重要的作用，而这些事件都和天文研究有着密切的联系。当前，对高能天体物理、致密星和宇宙演化的研究，能极大地推动现代科学的发展。对太阳和太阳系天体包括地球和人造卫

星的研究在航天、测地、通讯导航等部门中有许多应用。"

不少人认为天文学离现实生活很远，其实这也对，但说的不够严谨。天文学不仅是一门自然科学，而且还是一门自然哲学，吸引无数人研究。总的来说，天文学是一门古老而又年轻的科学，它的发展历程象征着人类文明所取得的成果与辉煌。

古代的天文学

在古代，由于农牧业和实际生活的需要，人们很早就开始注意观察某些显著天象了。而文字的产生则为天文学这门古老的科学的诞生提供了条件。可以说，天文学的历史，其实也就是人类探测宇宙的历史。天文学走过了漫长道路，经历了逐步从神话传说、迷信崇拜以及各种局限性的错误认识中解放出来，并走向科学康庄大道的艰难历程，经无数天文学家不断的发展完善，最终才成为一门完善的科学。即使是科学高度发达的今天，星象占卜等迷信活动仍然继续侵蚀着人们的思想，它们在民间仍然有一大批追随者。因此，学习天文知识，了解各种天象的科学依据，对于人们认清这些封建迷信活动有重要作用。让我们首先来认识和回顾一下天文学的成长和发展过程。

◆ 古代天文学起源

①古埃及的天文学。埃及和中国一样都是文明古国，而古埃及的观天工作最初是由僧侣们担任的，他们注意观测太阳、月亮和星星的

运动，并从很早的时代起就知道了预报日食和月食的方法。但这种方法是严格保密的，详细情况我们无从知晓。

大概从公元前27—前22世纪，埃及人不仅认识了北极星和围绕北极星旋转而永不落入地平线的拱极星，还熟悉了白羊、猎户、天蝎等星座，并根据星座的出没来确定了历法。在长期的生活实践中，埃及人发现，若天狼星于日出前不久在东方地平线上开始出现，即所谓的"偕日升"现象，那么再过两个月，尼罗河就会泛滥。尼罗河是古埃及人的命根子，它的定期泛滥既能带来农耕迫切需要的水和肥沃的淤泥，也会给广大地区和人民带来洪涝灾害。而定期的每年6月尼罗河泛滥，让埃及人产生了"季节"的概念。他们把河水泛滥的时期叫做洪水季，此外还分出了冬季和夏季。而与季节联系在一起的还有，

尼罗河

金字塔

在不同的季节，出现在东方天空的星辰也是不一样的。久而久之，古埃及人就发现了星辰更替与季节变化之间的对应关系了，并对此进行了长期的观察和研究，把原先的一年360日，改正为一年365日。这就是现在阳历的来源。

古埃及人还运用正确的天文知识，在沙漠上建起了举世无双的金字塔。耐人寻味的是，金字塔的四面都正确地指向东南西北。而在没有罗盘的四五千年前的古代，方位能够定的如此准确，他们无疑是使用了天文测量的方法。人们猜测，或许他们是利用当时的北极星，即天龙座 α 星来进行定向的。古埃及人首先利用当时的北极星确定了金字塔的正北方向，那剩下的其它三个方向也就不难确定了。

②古印度人的时空观。古印度人一直在不间断地观察太阳的运动，并以太阳的视运动为依据，把一年定为360天，又以月亮的圆缺变化为依据，把一个月定为30天，以此编制了历法。实际上，月亮运行一周不足30天，所以有的月份实际上不足30天，印度人称为消失了一个日期，大约一年要消失5

个日期，但他们习惯上仍然称一年为360天。他们还将一年分为春、热、雨、秋、寒、冬六个季节，还有一种分法是将一年分为冬、夏、雨三季，这是四季的早期形式。对于空间，古印度人也有他们自己独特的看法，他们认为在人类居住的世界之上，还有其它空间。这种时空观虽然壮大但却不现实。

③发明星座的迦勒底人。幼发

月　亮

幼发拉底河

拉底河和底格拉斯河流域是世界古代文明的摇篮。古代的这片两河流域地区大约相当于现在的伊拉克共和国,希腊文中称其为"美索不达米亚",指的是两河之间的地方。

远在公元前3000年前,迦勒底人就从东部山岳地带来到两河流域,并在那里建立了国家。他们把星星称为"天上的羊",把行星称为"随年的羊",他们注意到了天上的"羊群"随季节而变化

的特点。长期的星象观察,使迦勒底人发现了很多天体运动的特点,他们知道"日食每18年重复出现一次",而且对月亮和行星也有很多正确的发现,但是他们对人类最重要的贡献还是创造了星座的划分。他们把天上显著的亮星用想象的虚线连结起来,描绘成各种动物和人的形象,并给它们各自起了不同的称呼。这就是现今这些星座的由来。其中白羊、金牛、双子、巨

蟹、狮子、室女、天秤、天蝎、人马、摩羯、宝瓶、双鱼这12个星座是世界上最早诞生的星座。

美索不达米亚文化被认为是西方文化的源泉，其中的天文学被认为是西方天文学的鼻祖。因此，迦勒底人的星象天文学一向为世界人们所重视。

④古希腊的天文学。欧洲人习惯于将古代希腊文化称为"古典文化"。其中的古希腊天文学是那个时代特定历史条件下的产物，它总结了许多世代以来人们对天象进行观测的结果，概括了古代人们对天体运动的认识，并力图建立一个统一的宇宙模型去解释天体的复杂运动，这种尝试在人类进步史上具有一定的积极意义。

希腊一景

泰勒斯（Thales of Miletus，公元前640—前560年）是希腊第一个著名的自然哲学家，他到过美索不达米亚并在那里学习了天文学。根据他的推测，地球是一个球体，而且构成宇宙的基本物质是水，据说他还预言到了公元前585年所发生的一次日食。后来，他的门生阿那

克西曼德（公元前611—前547年）把他的宇宙观延伸并发扬光大，阿那克西曼德认为天空是围绕着北极星旋转的，因此天空可见的穹窿是一个完整球体的一半，扁平圆盘状的大地就处在这个球体的中心，在大地的周围环绕着空气天、恒星天、月亮天、行星天和太阳天。虽然理论还不成熟，并且不完全正确，但阿那克西曼德仍是有史以来第一个认为宇宙不是平面形或者半球形，而是球形的哲学家。

数学家毕达哥拉斯（Pythagoras，公元前560—前490年）认为数本身、数与数之间的关系是构成宇宙的基础。他主张地圆说，并且是人类科技史上第一个主张"太阳、月亮、行星遵循着和恒星不同的路径运行"理论的人。古希腊另一位伟大的学者德谟克利特（公

德谟克利特

元前460—前370年）也提出了原子学说，他认为万物都是由原子组成的，原子是不可分割的最小微粒，太阳、月亮、地球以及一切天体，都是由于原子的涡动而产生的。这是朴素的天体演化论思想。德谟克利特还推测出太阳远比地球庞大；月亮本身并不发光，是靠反射的太阳才显得明亮；银河是众多恒星集合而成的等等。

希腊天文学家托勒密（Ptolemy）在他的著作《天文学大成》中提出了完整的"地心说"，即日、月、五大行星都在绕地球的偏心圆轨道上运转，并且各有其轨道层次。这本书在整个中世纪都被人们奉为天文学知识的经典著作。

◆ **中国古代天文学的辉煌成就**

中国是世界上天文学起步最早、发展最快的国家之一，天文学也是中国古代最为发达的四门自然科学之一。包括天文学在内的现代自然科学的极大发展，最早是从欧洲的文艺复兴时期开始的。文艺复兴时期大致从14世纪持续到16世纪，大体相当于我国的明初到万历年间。我国天文史学家认为，在这200年间，我国天文学的主要进展至少可以列举以下几项：翻译阿拉伯和欧洲的天文学事记；从公元1405—1432年的20多年间，郑和率领舰队几次出国，船只在远洋航行中利用"牵星术"定向定位，为发展航海天文学作出了贡献；天文学家对一些特殊天象作了比较细致的观察，譬如1572年的"阁道客星"和1604年的"尾分客星"，这是两颗难得的超新星。我国古代观测天象的台址有很多，名称也有很多，有如灵台、瞻星台、司天台、观星台和观象台等，而现今保存最完好的就要数河南登封观星台和北京古观象台。

我国古代天文学起源很早，可以说萌芽于原始社会。公元前24

郑　和

世纪的帝尧时代就设立了专职的天文官，专门从事"观象授时"的工作。早在仰韶文化时期，人们就描绘了光芒四射的太阳形象，对太阳上的变化也屡有记载，描绘出太阳边缘有大小如同弹丸、成倾斜形状的太阳黑子等现象。在公元16世纪前，天文学在欧洲的发展一直很缓慢，尤其是从公元2世纪到16世纪

之间的这1000多年中更是处于几近停滞的状态。相反的是在此期间，我国天文学却得到了稳步的发展，并取得了辉煌的成就。我国古代天文学的成就大体可归纳天象观察、编订历法和创制天文仪器三个方面。

①天象观察。我国的天象观察活动最早可以追溯到好几千年以

前，无论是对太阳、月亮、行星、彗星、新星、恒星，还是对日食和月食、太阳黑子、日珥、流星雨等罕见天象的观测，都有着悠久而丰富的记载，观察仔细、记录精确、描述详尽。其水平之高令人惊讶，因而直至今日这些记载仍具有很高的科学价值。在我国河南安阳出土的殷墟甲骨文中，已有相当丰富的关于天文现象的记载，这表明远在公元前14世纪时，我们国家的天文学已经很发达了。关于我国有世界上最早最完整的天象记载这一点已经得到了全世界的公认，所以我国是欧洲文艺复兴以前天文现象最精确的观测者和记录的最好保存者。

我国古代对哈雷彗星观测记录年代之久远和详尽是世界上其他任何国家中都无法与之相提并论的。《史记·秦始皇本纪》中记载的秦

哈雷彗星

始皇七年（公元前240年）出现的彗星被各国学者公认为世界上最早的哈雷彗星的记录。从那时起一直到1986年，哈雷彗星共回归了30次，这些在我国的史籍和地方志中都有相关的记录。我国已故著名天文学家张钰哲认为，我国还有更早的哈雷彗星记录。他在晚年考证了《淮南子·兵略训》中"武王伐纣，东面而迎岁，……彗星出而授殷人其柄"这段文字后，认为当时出现的这颗彗星也是哈雷彗星。他认真计算了近四千年的哈雷彗星轨道，并从其他相互印证的史料中肯定了武王伐纣的确切年代应为公元前1056年，这样又把我国哈雷彗星的最早记录的年代往前推了800多年。

1973年，我国考古工作者在湖南长沙马王堆的一座汉朝古墓内发现了一幅精致的彗星图，图上除彗星之外，还绘有云、气、月掩星和恒星。天文史学家对这幅古图做了考释研究后，称之为《天文气象杂占》，认为这是迄今为止发现的世界上最古老的彗星图。早在2000多年前的先秦时期，我们的祖先就已经对各种形态的彗星进行了认真的观测，记录中不仅画出了三尾彗、四尾彗，还似乎窥视到今天即使用大望远镜也很难见到的彗核，这些足以说明中国古代的天象观测是何等的精细入微。

我国对太阳黑子的观察记录也由来已久，如公元前约140年成书的《淮南子》中说："日中有踆乌。"公元前165年的一次记载中说："日中有王字。"战国时期的一次记录中也有："日中有立人之像。"甚至早在3000多年的甲骨文中就已经出现了有关太阳黑子的记载。从公元前28年到明代末年的1600多年当中，我国共有100多次翔实可靠的太阳黑子记录，这些记录不仅有确切日期，而且对黑子的形状、大小、位置乃至分裂、变化

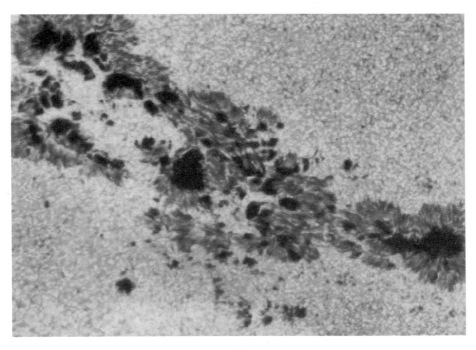

太阳黑子

等，也都有很详细和认真的描述。这对我国以至世界人民都是一份十分宝贵的科学遗产，它对于我们研究太阳物理和太阳的活动规律以及地球上的气候变迁等来说，都是极为珍贵的历史资料，具有重要的参考价值。

我国古代对如天琴座、英仙座、狮子座等流星雨也各有多次记录，光是天琴座流星雨至少就有10次记录，英仙座也至少有12次，而1833年的狮子座流星雨更是以其盛大的"表演"而尤其出名。从公元902—1833年间，我国以及欧洲和阿拉伯等国家，总共记录了13次狮子座流星雨的出现情况，其中我国占7次，我国最早的一次是在公元931年10月21日，是世界上流星雨的第二次纪事。从公元前7世纪算起，我国古代至少有180次以上的

狮子座流星雨

这类流星雨纪事。

②编订历法。古人勤奋观察日月星辰的位置及其变化的主要目的是想通过观察这类天象，掌握他们的规律性，以便确定四季，编制历法，为人们的生产和生活服务。我国古代历法不仅包括节气的推算、每月的日数分配、月和闰月的安排等，还包括许多天文学的内容，如日月食的发生时刻和可见情况的计算和预报，五大行星位置的推算和

预报等。一方面说明了我国古代对天文学和天文现象的重视，同时这类天文现象也是用来验证历法准确性的重要手段之一。因为测定回归年的长度是历法的基础，所以我国古代历法中特别重视冬至这个节气。准确测定连续两次冬至的时刻就可以计算出回归年的长度，连续两次冬至之间的时间间隔就是一个回归年的长度。我国古代也根据多次观测结果对历法进行了上百次的

改进。以郭守敬于公元1280年编订的《授时历》为例来说，《授时历》在前后经历了三年多共两百次测量以及精确的计算之后，最终采用了365.2425日作为一个回归年的长度。这个数值与现今世界上通用的公历值相同，而郭守敬在六七百年前就已经能够测算得那么精密了，实在是很了不起，相比欧洲的格里高列历早了300年。

我国的祖先早在茹毛饮血的时代就已经懂得按照大自然安排的"作息时间表""日出而作，日入而息"了。太阳周而复始的东升西落运动，使人类形成了最基本的时间概念——"日"，产生了"天"这个最基本的时间单位。到了大约商代时，古人已经有了黎明、清晨、中午、午后、下午、黄昏和夜晚这种粗略划分一天的时间概念。

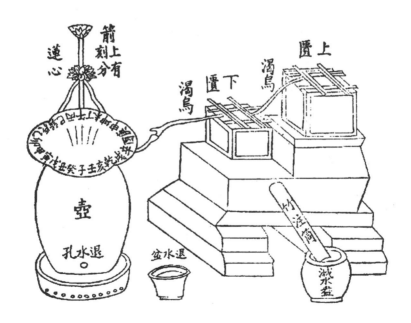

漏 壶

计时仪器漏壶发明后，人们通常采用将一天的时间划分为一百刻的做法，如夏至前后，"昼长六十刻，夜短四十刻"；冬至前后，"昼短四十刻，夜长六十刻"；春分、秋分前后，则昼夜各五十刻。尽管白天、黑夜的长短不一样，但昼夜的总长是不变的，都是每天一百刻。

③创制天文仪器。除此之外，我国古代在创制天文仪器方面也有杰出贡献，他们创造性地设计和制造了许多种精巧的观察和测量仪器。我国最古老、最简单的天文仪器是土圭，也叫圭表，是用来度量日影长短的，只是由于年代久远，它的具体出现时间已无从得知。此外，西汉的落下闳改制了浑仪，浑仪是我国古代测量天体位置所使用的主要仪器，几乎历代都有人对其进行改进；东汉的张衡创制了世界上第一架利用水利作为动力的浑象；元代的郭守敬先后创制和改进了10多种天文仪器，如简仪、高

表、仰仪等。

◆ **中国古代主要天文仪器**

①圭表。圭表是我国古代使用的一种既简单又重要的测天仪器，它由垂直的表（一般高八尺）和水平的圭组成。圭表的主要功能是测定冬至日所在，并进而确定回归年的长度，此外，通过观测表影的变化还可确定方向和节气。

很早以前，人们就发现房屋、树木等物在太阳光照射下会投出影子。而通过观察这些影子，人们发现它们的变化是有一定规律的。为了得到这种规律，人们便在平地上直立一根竿子或立柱来观察影子的变化，这根立竿或立柱就叫做"表"；用一把尺子测量表影的长度和方向，便可知道时辰。后来，他们发现正午时的表影总是投向正北方向，便把石板制成的尺子平铺在地面上，与立表垂直，尺子的一头连着表基，另一头则伸向正北方

圭　表

向，这把用石板制成的尺子就叫"圭"。正午时表影投在石板上，古人就能直接读出表影的长度值。经过长期观测，古人不仅了解到一天中表影在正午最短，而且得出一年内夏至日的正午，烈日高照，表影最短；冬至日的正午，煦阳斜射，表影则最长。于是，古人就以正午时的表影长度来确定节气和一年的长度。譬如，连续两次测得表影的最长值，这两次最长值相隔的天数，就是一年的时间长度。难怪我国古人早就知道一年等于365天多的数值，原来他们很早就发现其中的规律了。

在现存的河南登封观星台上，有一个40尺的高台和一把128尺长的量天尺，它们也组成了一个巨大的圭表。

②日晷。日晷又称"日规"，

是我国古代利用日影测得时刻的一种计时仪器。通常由铜制的指针和石制的圆盘组成。铜制的指针叫做"晷针"，垂直穿过圆盘中心，作用相当于圭表中的立竿，因此，晷针又叫"表"。石制的圆盘叫做"晷面"，安放在石台上，呈南高北低，使晷面平行于天赤道面，这样，晷针的上端正好指向北天极，下端正好指向南天极。在晷面的正反两面刻划出12个大格，每个大格代表两个小时。当太阳光照在日晷上时，晷针的影子就会投向晷面，太阳由东向西移动，投向晷面的晷针影子也慢慢地由西向东移动。于是，移动着的晷针影子好像是现代钟表的指针，晷面则是钟表的表面，以此来显示时刻。

古人通过观察日晷发现，由于从春分到秋分期间，太阳总是在天赤道的北侧运行，因此，晷针的影子投向晷面上方。从秋分到春分期间，太阳在天赤道的南侧运行，因此，晷针的影子投向晷面的下方。

日 晷

所以在观察日晷时，首先要了解两个不同时期晷针的投影位置。

③漏刻。漏刻也是古代人使用的一种计时工具，不仅古代中国用它计时，古埃及、古巴比伦等文明古国也都使用过。"漏"是指计时用的漏壶，"刻"是指划分一天的时间单位。漏刻是用漏壶里的浮箭来计量一昼夜的时刻的。最初，人们发现了陶器中的水会从裂缝中一滴一滴地漏出来以后，于是专门制造出了一种留有小孔的漏壶，把水注入漏壶内，水便从壶孔中流出来；另外再用一个内有一根刻有标记的箭杆的容器收集漏下来的水，这个容器就类似于现代钟表上显示时刻的钟面；再用一个竹片或木块托着箭杆浮在水面上，容器盖的中

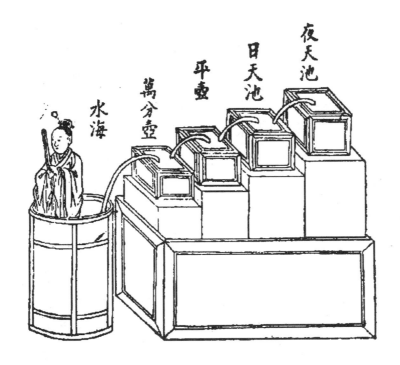

漏　刻

心开一个小孔，让箭杆从盖孔中穿出，这个容器就叫做"箭壶"。随着箭壶内收集的水越来越多，木块托着箭杆也慢慢地往上浮，古人只要从盖孔处看箭杆上的标记，就能知道当时所处的具体时刻。

漏刻的计时方法可分为泄水型和受水型两类。漏刻是一种独立的计时系统，它只借助水的运动。后来古人发现漏壶内的水多时，流水较快，水少时流水就慢，这显然会影响计量时间的精确度。于是便在漏壶上再加上一只漏壶，水从下面漏壶流出去的同时，上面漏壶的水即源源不断地给下面的漏壶进行补充，使下面漏壶内的水始终能够均匀地流入箭壶，从而得到比较精确的时刻。

现存于北京故宫博物院的铜壶漏刻是公元1745年制造的，最上面漏壶的水从雕刻精致的龙口流出，依次流向下面的漏壶；箭壶盖上有个铜人握着箭杆，箭杆上共刻有96格，每格为15分钟，人们根据铜人手握箭杆处的标志来确定时间。

④浑仪。浑仪也是我国古代的一种天文观测仪器。在古代，"浑"字含有圆球的意义。因为古人认为天是圆的，形状像蛋壳，出现在天上的星星就像是镶嵌在蛋壳上的弹丸，地球则是蛋黄。人们在地球上测量日月星辰的位置，因此便把这种观测天体位置的仪器叫做"浑仪"。

最初的浑仪结构很简单，只有三个圆环和一根金属轴。最外面的那个圆环固定在正南北方向上，叫做"子午环"；中间固定着的圆环平行于地球赤道面，叫做"赤道环"；最里面的圆环可以绕金属轴旋转，叫做"赤经环"；赤经环与金属轴相交于两点，一点指向北天极，另一点指向南天极。在赤经环面上装着一根望筒，可以绕赤经环中心转动，用望筒对准某颗星星，然后，根据赤道环和赤经环上的刻

浑　仪

度来确定该星在天空中的位置。后来古人为了便于观测太阳、行星和月球等天体，便在浑仪内又添置了几个圆环，也就是环内再套环，使浑仪变成了一种多用途的天文观测仪器。

⑤ 天体仪。天体仪古称"浑象"，也是我国古代一种用于演示天象的仪器。我国古人很早就会制造这种仪器，用它可以直观、形象地了解日、月、星辰的相互位置和运动规律，是现代天球仪的直接祖先。北京古观象台上安置的天体仪创制于清康熙年间，重3850公斤，是我国现存最早的天体仪。

天体仪的主要组成部分是一个空心铜球，球面上刻有纵横交错的网格，用于量度天体的具体位置。球面上凸出的小圆点代表天上的亮星，它们严格地按照亮星之间的相

天体仪

互位置标刻。整个铜球可以绕一根金属轴转动，转动一周代表一个昼夜，球面与金属轴相交于北天极和南天极两点。两个极点的指尖固定在一个南北正立着的大圆环上，大圆环垂直地嵌入水平大圈的两个缺口内，下面四根雕有龙头的立柱支撑着水平大圈，托着整个天体仪。无论是在白天还是阴天的夜晚，人们利用浑象都可以随时了解当时应该出现在天空的星空图案。

⑥水运仪象台。水运仪象台是宋代苏颂、韩公廉等人设计制造的一座大型天文仪器。它高约12米，宽约7米，呈下宽上窄的正方台形，全部为木建筑结构。全台分为三部分，最上层是一个可以开闭

水运仪象台

屋顶的木屋，里面放置一架铜制浑仪，用来观测天象；中间部分是一间密室，放置浑象，可以随时演示天象；最为有趣的是下面的报时装置，在台的南面可以看到五层木阁，每一层木阁里都有报时的小木

人，他们各司其职，根据时刻不同轮流出来报时。水运仪象台把观测天象的浑仪、演示天象的浑象和报时装置巧妙地结合在了一起，是我国古代的一项出色创造。其中，它的一套动力装置"可能是欧洲中世纪天文钟的直接祖先"。

天文学的发展

从古至今，天文学的研究范畴和天文的概念一直在不断发展。在古代，由于科学技术水平的限制，人们只能用肉眼观测天体。公元2世纪时，古希腊天文学家托勒密提出的地心说统治了西方对宇宙的认识长达1000多年。直到16世纪，波兰天文学家哥白尼才提出了新的宇宙体系的理论——日心说。到了1610年，意大利天文学家伽利略独立制造出了折射望远镜，首次用望远镜看到了太阳黑子、月球表面和一些行星的表面和盈亏。同时代，牛顿创立的牛顿力学使天文学出现了一个新的分支学科天体力学。天体力学的诞生使天文学从单纯描述天体的几何关系和运动状况进入到研究天体之间的相互作用和造成天体运动的原因的新阶段，这在天文学的发展历史上是一次巨大的飞跃。

19世纪中叶，天体摄影和分光技术的发明使天文学家可以进一步深入地研究天体的物理性质、化学组成、运动状态和演化规律，从而更加深入到问题本质，从而也产生了一门新的分支学科天体物理学。这又是天文学的一次重大飞跃。

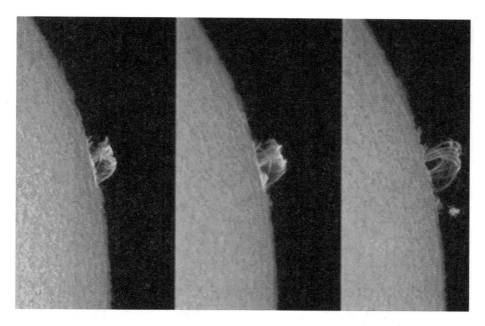

天体摄影

1950年代，射电望远镜开始应用。到了1960年，取得了被称为"天文学四大发现"的成就：微波背景辐射、脉冲星、类星体和星际有机分子。而与此同时，人类也突破了地球束缚，可以到天空中去观测天体。

目前，天文学的发展已经进入到一个崭新的阶段。多年来，天文观测手段已从传统的光学观测扩展到了从射电、红外、紫外到X射线

和γ射线的全部电磁波段。这使得科学家们发现了一大批新天体和新天象，例如，类星体、活动星系、脉冲星、微波背景辐射、星际分子、X射线双星、γ射线源等等，天文研究空前繁荣和活跃。口径2米级的空间望远镜已经进入轨道开始工作。一批口径10米级的光学望远镜也将建成。射电方面的甚长基线干涉阵和空间甚长基线干涉仪，红外方面的空间外望远镜设施，X射

带你遨游星空

哈勃空间望远镜

天文望远镜

线方面的高级X射线天文设施等也都问世。γ射线天文台已经投入工作。这些仪器的功能强大，远远超过了我们现有的天文设备。可以预料到的是这些天文仪器的投入使用必将为天文学注入新的生命力，使人们对宇宙的认识提高到一个新的水平，天文学正处在大飞跃的前夜。

著名的天文台

◆ 中国登封观星台

登封观星台是中国现存最早的天文台，也是全国的重点文物保护单位，世界上著名的天文科学建筑物，它是我国天文学的发源地，距今已有700多年的历史，是当时全国天文观测中心站。它位于登封县城东南15千米的告成镇北周公庙内。告成，即历史上所说的"夏都阳城"。它是中国进入阶级社会后第一个王朝建都的地方，也是中国历史上第一个农民起义领袖陈胜的故乡，山水环抱，风景宜人。周公庙门前有一座乾隆十三年（公元1748年）建立的照壁，上嵌"千古中传"石额一方，大门面前刻制对联"石表寓精心，氤氲南北变寒暑；星台留古制，会合阴阳交雨风"，简要地说明了测景台和观星台"测影"和"观星"的作用。周公营东都定鼎洛阳时，曾在这里以土圭测日影。《周礼·地官·司徒》载："以土圭之法，测土深，正日景，以求地中……日至之景，尺有五寸，谓之地中。"唐开元十一年（公元723年），唐政府派

登封观星台

太史监南公说来阳城，仿土圭旧制，换以石座石表。观星台里还保存了周公测景台，周公在这里测定了夏至、冬至，由此测得登封是天地之中，所以就有了中原、中州、中岳等称呼，河南话"中不中"就由此而来。石表上刻"周公测景台"五字，带有纪念周公之意。后人在石座背面题刻"道通天地有形外，石蕴阴阳无影中"对联一副。现存的测影台，下部乃方形石座，形如15°的正方形锥体，高约2.5米，周长5.5米，名之曰"圭"；上部为长方形石柱，高约2米，名之曰"表"。表上端覆盖石雕，远视似亭，颇为壮观。1000多年来，它虽饱经风雨侵袭，但仍巍然独存于世。

观星台在测影台后约20米处，建于元朝初年，由台身和石圭两部分组成，距今已有700多年，在古代文学和建筑史中也有重要价值。这座观星台是元代杰出的科学家郭守敬主持建造的，为当时全国的观测中心。其规模宏大，高9米多，下大上小，平面呈方形，为砖石结构，台北设有两个对称的踏道口，可登台眺望。台顶北部测量日影的

郭守敬像

带你邀游星空

量天尺（尺圭）长31米多。当时郭守敬利用这座观星台重新观测了二十八星宿及其他一些恒星的位置，测定了黄赤交角，达到较高的精确度。郭守敬还和王恂、许衡等人利用这里的天文观测数据和全国其他观测站的资料，经过计算，编制了当时最先进的历法——授时历，这部历法施行达360年。郭守敬根据授时历计算出一个回归年的长度有365.2425天，比今天的阳历所说的实际时间只差26秒，而现在世界通用的阳历是公元1582年才制定的，它与授时历相一致，但比我国授时历要晚300年。

1961年3月4日，登封观星台被国务院公布为第一批全国重点文物保护单位。著名的英国学者李约瑟在《中国科学技术史》中对之作了高度的评价。国际天文家学会曾作出决议，把月球上一座环形山和太阳系一颗小行星以郭守敬的名字命名。观星台、授时历和郭守敬，都是中华民族的骄傲！

◆ **中国科学院紫金山天文台**

中国科学院紫金山天文台，是我国最著名的天文台之一。始建于1934年，建成于1934年9月，位于南京市东南郊风景优美的紫金山上。紫金山天文台是我国自己建立的第一个现代天文学研究机构，前身是成立于1928年2月的国立中央研究院天文研究所，至今已有80年的历史。紫金山天文台的建成标志着我国现代天文学研究的开始。中国现代天文学的许多分支学科和天文台站大多从这里诞生、组建和拓展。由于在中国天文事业建立与发展中作出的特殊贡献，中国科学院紫金山天文台被誉为"中国现代天文学的摇篮"。

1913年10月，日本在东京召开亚洲各国观象台台长会议。他们邀请法国教会在上海的观象台代表中国的消息一经传出，中国民众一片哗然，而尤以知识界为甚。当时的中央观象台台长高鲁，就发誓要建造一座能与欧美媲美的天文台。后高鲁转任法国公使，这项工程转而由厦门大学天文系主任余青松接任。当时的总理陵园管理委员会提出，天文台必须按照中式风格设计，中式风格主要是体现在屋顶和房檐，但天文观测却需要圆形屋顶，这一棘手的问题最后被交给杨廷宝领衔的基泰工程司。最终建成的紫金山天文台位于南京东郊紫金山风景秀丽的第三峰上，天文台的牌楼采用毛石作三间四柱式，覆蓝色琉璃瓦，跨于高峻的石阶之上。建筑间以梯道和栈道通连，各层平台均采用民族形式的钩阑，建筑台基与外墙用毛石砌筑，整个天文台给人以朴实厚重的感觉，与山石浑然一体。

紫金山天文台

带你遨游星空

紫金山天文台是一个综合性的天文台，始建时拥有60厘米口径的反射望远镜、20厘米折射望远镜附有15厘米天体照相仪和太阳分光镜等设备，抗日战争时期部分迁往昆明，其余遭到破坏。1949年新中国成立后，修复了损坏的天文仪器，并先后增置了色球望远镜、定天镜、双筒折射望远镜、施密特望远镜和射电望远镜等先进的天文仪器，可以进行恒星、小行星、彗星和人造卫星的观测与研究，以及对太阳的常规观测，研究太阳的活动规律并作出太阳活动预报。紫金山天文台还是中国历算的权威机构，负责编算和出版每年的《中国天文年历》《航海天文历》等历书工作。

◆ **德国汉堡天文台**

回溯近代德国天文学的起源，便要使时光倒流到19世纪初的德国汉堡港。当时正是海洋探险殖民的兴盛时代，船舶航行带来的东西方贸易，给西方国家带来了惊人的财富，欧洲列强纷纷认识到天文学的发展对于航海的重要作用，特别是船舶在茫茫大海中航行时需要精确的定位指导。这时一本详尽正确的星表，便成为各船长、领航员最为需要的重要工具书。借着六分仪，测量出A星昨天出现中天的时间与今天出现中天的时间差，便可换算出航行了多少经度与距离；而从星星（如北极星）出现在海平线的水平高度，就可以得知船舶所处的纬度。西欧各国中，以德国、荷兰、英国等国对天文学的投资最为积极，同时也反映出他们的海洋殖民政策。

汉堡港为欧洲重要大港之一（另一个重要港口是荷兰的阿姆斯特丹港口），它主要为航行的船舶提供天文航海资料与时间服务。在1833年以前，汉堡天文台一直是由私人集资筹办，而从1833年开始，

汉堡天文台

汉堡天文台就正式由政府接管，不久即出版了达6万颗的星总表目录。而汉堡市区的扩展，原有台址受光害、烟雾及工厂的影响，以及研究工作的需求，使得政府不得不在1901年开始在郊区Bergedorf的山丘上建立新台。1912年新的（现代的）汉堡天文台正式落成启用，天文台配备了当时傲视欧洲各国的先进仪器，诸如60厘米折射赤道仪（具备拍摄光谱与星体定位的性能）、蔡司1米口径反射望远镜、60厘米口径反射望远镜与30厘米Lippert摄星镜（焦比1：5），并开始了所谓的AGK计划。所谓AGK是德文"Astronomicchen Gesellschaft KatalogR"的缩写，意为"星总表目录"。到1930年为止，总计有20

万颗星已被测量并标定位置，1935年汉堡天文台的科学家又利用光谱测量与光度计，观测了15万颗变光星。这时汉堡天文台达到了它历史上的巅峰，汉堡天文台在传统天文学（天体测量学）的优异表现，为后代的天文物理学发展奠定了良好的基础。

◆ **秘鲁马丘比丘古城天文台**

马丘比丘天文台大约建于1460年，位于一座高山山脊之上，是南美印第安人印加文明的重要象征。但是，16世纪由于西班牙人的入侵，马丘比丘成为了一座废城。这座古城天文台之所以选择建造在这里，可能是由于其独特的地理和

秘鲁马丘比丘

地质特点。据说马丘比丘背后的山的轮廓，代表着印加人仰望天空的脸，而山的最高峰"瓦纳比丘"代表他的鼻子。印加人认为不该从大地上切削石料，因此都是从周围寻找分散的石块来建造城市的。有一些石头建筑连灰泥都没有用到，完全是靠精确的切割堆砌来完成的，修成的墙上石块间的缝隙还不到1毫米宽。

马丘比丘标志性建筑之一就是"史前石塔"，这是一个带有曲线石墙的特殊造型建筑物。石塔围着一块精心雕刻过的怪石而建。据说，在夏至这一天太阳升起后阳光会穿过一个窗口进入石塔。同时，通过该窗口还可以观测昴宿星团的形状，印加人据此来决定何时种植马铃薯。由于其独特的位置和地理特点，马丘比丘被发现的时间较晚，马丘比丘成了印加帝国最为人所熟悉的标志。在1983年，马丘比丘被联合国教科文组织定为世界遗产，是世界上为数不多的文化与自然双重遗产之一。但与此同时，马丘比丘也面临着遭受旅游业破坏的担忧。联合国教科文组织对大规模旅游对遗址带来的损害表示关注。但是秘鲁当局坚称这不是问题，他们认为遗址的偏僻会对旅游业形成天然的限制作用。

◆ 韩国庆州瞻星台

韩国庆州瞻星台被认为是亚洲现存最古老的天文台，比中国的登封观星台还要早上一些。瞻星台建于公元7世纪，高约9.4米，由365块花岗岩分27层搭建而成。瞻星台形状非常奇特，看起来好象是一个瓶子，中部有一扇窗。庆州瞻星台是一座石结构建筑，它的直线与曲线的搭配十分和谐。1962年12月20日，庆州瞻星台被韩国指定为第31号国宝。庆州瞻星台主要用于观测天空中的云气及星座，当时人们通过星空测定春分、秋分、冬至、夏

韩国庆州瞻星台

至等24节气，而井字石估计则是用来指定东西南北方位的基准。考古学家认为，庆州瞻星台的365块岩石可能是暗指一年的365天。

◆ **墨西哥奇琴伊察天文台**

　　墨西哥奇琴伊察天文台是著名的"椭圆形天文台"，也就是一座圆柱形的建筑物。又因圆柱形建筑内部螺旋状的石头阶梯而被称为"蜗牛"。天文台就坐落于奇琴伊察遗址之上。在天文台的边缘放着很大的石头杯子，玛雅人在里面装上水并通过反射来观察星宿，以确定他们相当复杂且极为精确的日历系统。在从公元前6世纪到玛雅古典时期的这段时间里，奇琴伊察是玛雅的主要城市，而在中部低地及南方的的城市衰败后，奇琴伊察更到达了其发展和影响力的顶峰。到了后古典时期，奇琴伊察的建筑主题中明显增加了中部墨西哥"托尔特克"的风格。这一现象的最初被解释为来自中部墨西哥的直接移民甚至入侵，但当代的多数说法认为这些"非玛雅"风格是文化传播的结果。

墨西哥奇琴伊查天文台

41

◆ **墨西哥卡斯蒂略金字塔**

在奇琴伊察遗址上，还有一个著名的卡斯蒂略金字塔。在春季和秋季的昼夜平分点，即日出日落时，建筑的拐角在金字塔北面的阶梯上会投下羽蛇状的阴影，并随着太阳的位置向北面滑行下降。在金字塔顶端的神庙中，有许多精心雕刻的图案，玛雅人可以据此判断春分、秋分、冬至、夏至的到来。这座金字塔高30米，呈长方形，上下共9层，最上层为一神庙。金字塔的台阶总数加上一个顶层正好是365，代表着一年的天数。台阶两侧有宽一米多的边墙，北面边墙下端刻着一个高1.43米、长1.80米、宽1.07米的带羽毛的蛇头，蛇嘴里吐出一条长1.60米的大舌头。每年春分秋分两天的下午，一个蛇影就会在塔上出现。

卡斯蒂略金字塔

◆ 美国怀俄明州古天文台

毕葛红医药轮天文台位于美国怀俄明州医药山的顶峰，又称美国怀俄明州古天文台，是世界十二个古天台之一。医药轮天文台由许多

◆ 秘鲁查基洛天文台遗址

秘鲁查基洛天文台遗址位于首都利马以北四百公里，大约建于公元前300多年，在这片遗址上存在着美洲最为古老的太阳观测台，即

毕葛红医药轮

鞋盒大小的石块排列而成，直径大约25米。由医药轮圆心指向外围石堆的方向，恰好是夏至时太阳升起的方向，由圆心向周围辐射的线条也恰好均匀对称。

著名的秘鲁石塔。在查基洛遗址的中央，考古学家们发现了十三座保存完好的矩形石塔。这些石塔形成了大约300米长的垄状物。长期以来，考古学家对秘鲁沿岸一处山上的十三座石塔的重要性一直存在着

带你遨游星空

查基洛天文台

颇大的争议。但有一点是可以肯定的，那就是这十三座保存完好的矩形石塔是美洲最古老的太阳观测站。天文学家们称，如果有人站在观察点观察太阳的话，他会在不同日子看到太阳在不同的石塔位置日出及日落，例如夏至时太阳会在最右边的石塔的右方升起，冬至时则会在最左边的石塔的左方升起。

◆ 英国巨石阵

矗立在英国南部索尔兹伯里平原上的巨石阵，是英国最重要、最神秘的历史遗迹之一。每年夏至这一天，这里的"日出奇观"更是会吸引成千上万名游客前来观赏。巨石阵大约建于公元前3100年。关于巨石阵的用途，至今尚无定论。有人认为这是一种典型的古代葬礼或祭祀遗址，也有人认为它还是一种天文观测站，因为一圈高大的石块与一些竖立的巨石形成了一个半开口形状的阵列，而开口方向恰好指向夏至日太阳升起的方向；以阵列排列的沙岩石外环显然是四季的象征，而里面一圈的蓝灰沙岩则被认为具有神奇的疗效。多数考古学家认为，它既是天文观测站，也是古代宗教遗迹。虽然如此，巨石阵的准确用途至今仍然颇具争议，但巨石阵在夏至与日出方向的巧合使其成为世界上庆祝一年当中白昼最长一天的著名景点。

◆ **爱尔兰纽格莱奇墓**

　　纽格莱奇墓大约建造于新石器时代的公元前3200年左右。这个心形的墓堆由97块镶边石块围成，镶

巨石阵

边石上雕刻有许多谜一般的图案。在冬至那天的黎明，会有一束阳光穿过顶部开口射入墓室。随着太阳的升高，阳光充满整个墓室。这一奇特的现象会持续17分钟左右。围绕着纽格莱奇墓的是一圈12块竖立的巨石，有人提出也许原本还有更多的巨石，但目前还并无证据证明。石圈的用途目前并不清楚，但天文学家们普遍认为它具有明确的天文用途。无论怎样，我们可以确定的是石圈都是纽格莱奇墓建造的最后一步。

纽格莱奇墓

第二章

庞大的太阳家庭

地球上的万物生长都依赖于太阳光的照射，如果没有了太阳，地球上的生物估计都会灭绝。太阳是地球上所有人类每天都能看到的天体，在我国古代，人们根据太阳的运动规律来安排作息时间，"日出而作，日落而息"。关于太阳，人类还创造了很多神话传说。如后羿射日，故事内容大致为：古时候天上原本有十个太阳，他们照射着大地，大地上很多植物都受不了高温而死，人们也难以忍受。后羿力大无穷，他为了拯救人类，就用弓箭一口气射掉了九个太阳，只剩现在的这一个太阳，才使地球上的温度变成了适宜人类居住的温度。而在古希腊神话中，阿波罗是主神宙斯和暗夜女神勒托之子，是阿尔忒弥斯的孪生哥哥。他是光明之神，在他身上找不到黑暗，而且他光明磊落，从不说谎，故也被称为是真理之神。阿波罗掌管音乐、医药、艺术、寓言，是希腊神话中最多才多艺也是最美最英俊的神祇，同时也是男性美的象征。在天文学中，太阳同样占据着重要的地位。太阳系是我们现在的地球所在的系统，同时也是银河系最重要的星系，太阳家族庞大复杂，不仅包括恒星，还有行星，以及卫星和小行星等等。了解太阳家族，对于人类探索宇宙极其重要。

后羿射日

太阳系的简介

太阳系就是我们现在所在的恒星系统。它是以太阳为中心，和所有受到太阳引力约束的天体的集合体：8颗行星（冥王星已被排除）、至少165颗已知的卫星、3颗已经辨认出来的矮行星，和数以亿计的太阳系小天体。这些小天体包括小行星、柯伊伯带的天体、彗星和星际尘埃。广义上来说，太阳系的领域包括太阳、4颗像地球的内

太阳系

行星、由许多小岩石组成的小行星带、4颗充满气体的巨大外行星、充满冰冻小岩石、被称为柯伊伯带的第二个小天体区。在柯伊伯带之外还有黄道离散盘面、太阳圈和依然属于假设的奥尔特云。

具体来说，太阳系的成员包括行星、卫星、行星环，还有小行星、彗星、柯伊伯带天体、外海王星天体、理论中的奥尔特云、行星间的尘埃、气体和粒子等行星际物质。整个太阳系所有天体的总表面面积约达17亿平方千米。太阳以自己强大的引力将太阳系中所有的天体紧紧地控制在他自己周围，使它们井然有序地围绕着自己旋转。同时，太阳又带着太阳系的全体成员围绕银河系的中心运动。迄今人们在太阳系内发现了八颗大行星，有时称为"八行星"。3颗矮行星分别是：柯伊伯带内最大的天体之一——冥王星；小行星带内最大的

天体——谷神星；以及属于黄道离散天体的阋神星。

除了地球之外，中国人将肉眼可见的行星分别用五行冠名，在西方则全都以希腊和罗马神话故事中的神仙为名。按照距离太阳由近及远来排序的话，这八大行星依次是：水星、金星、地球、火星、木星、土星、天王星、海王星。水星、金星、地球和火星被称为类地行星，木星和土星被称为巨行星，天王星、海王星被称为远日行星。除了水星和金星外，其他的行星都有卫星。在火星和木星之间还存在着数十万个大小不等，形态各异的小行星，天文学家将这个区域称为小行星带。此外，太阳系中还有超过1000颗的彗星，以及不计其数的尘埃、冰团、碎块等小天体。太阳系中的各个天体主要由氢、氦、氖等气体，冰（水、氨、甲烷）以及含有铁、硅、镁等元素的岩石构

水星 金星 地球 火星

水星 金星 地球 火星

木星

土星

天王星 海王星

行星

矮行星

冥王星 鸟神星

太阳

八大行星

成。类地行星、地球、月球、火星、木星的部分卫星、小行星主要由岩石组成；木星和土星主要由氢和氦组成，其核可能是岩石或冰。

太阳系的形成

太阳是太阳系的母星，也是其中最主要和最重要的成员。它有足够的质量让内部的压力与密度足以抑制和承受核融合时产生的巨大能量，并以如可见光那样的辐射形式，让能量稳定的进入太空。恒星是依据赫罗图的表面温度与亮度对应关系来分类的。通常，温度高的恒星也会比较明亮，而遵循此规律的恒星都会位于所谓的主序带上，

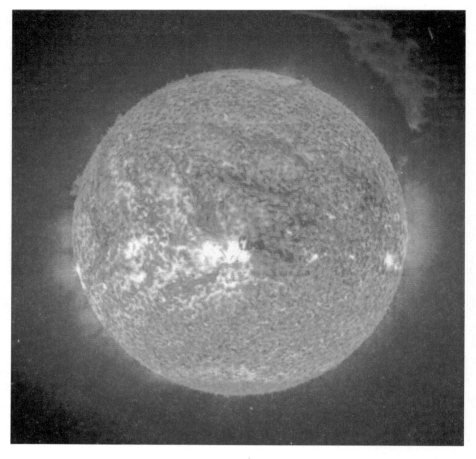

太 阳

太阳就在这个带子的中央位置。因此，太阳在分类上是一颗中等大小的黄矮星，不过这样的名称很容易让人误会，其实在我们的星系中，太阳是相当大与明亮的，比太阳大且亮的星并不多，而以比较暗淡和低温的恒星为多。

太阳在恒星演化的阶段中目前正处于壮年期，尚未用尽在核心进行核融合的氢。太阳的亮度以后仍会与日俱增，比如早期的亮度只是现在的75%。科学家在计算太阳内部氢与氦的比例后，认为太阳已经完成生命周期的一半，在大约50亿年后，太阳将离开主序带，并变成更大更明亮，但表面温度却降低的红巨星，届时它的亮度将是目前的数千倍。

太阳是在宇宙演化后期才诞生的第一星族恒星，它比第二星族的恒星拥有更多的比氢和氦重的金属（这是天文学的说法：原子序数大于氦的都是金属）。比氢和氦重的元素是在恒星的核心形成的，必须经由超新星爆炸才能释入宇宙的空间内。换言之，这些重元素是第一代恒星死亡之后宇宙中才出现的，最老的恒星只有少量的金属，后来诞生的才有较多的金属。因为行星是由累积的金属物质形成的，所以高金属含量被认为是太阳能发展出行星系统的关键原因。

人们一般都以为行星系统是恒星形成过程的一部分，但是也有学者认为这是两颗恒星差一点撞击而成的。最普遍的说法是太阳星云假说，即：太阳系是从星云形成。科学家认为，恒星形成的基本过程为：

（1）星云中较密的核心部分变得太重，重心不稳定就导致星云开始分裂和崩溃坠落。一部分的重心能量变成了放射的红外线，剩下的能量就增加了核心的温度。核心部分开始变成为圆盘形状。

（2）当密度和温度足够高时，氘融合燃烧开始发生，辐射的向外压力减慢（但不中止）临近的其他核心开始崩溃。

（3）其他原料继续下落到这一颗原恒星，它们的角动量的作用可能导致双极流程。

（4）最后，氢开始在星云的核心熔化，外面剩余的包围材料被清除。

太阳星云这个假说是1755年由伊曼努尔·康德提出的。他说，太阳星云慢慢地转动，由于重力逐渐

星　云

凝聚并且铺平，最终形成了恒星和行星。1796年，另外一个科学家拉普拉斯也提出了一个相似的模型。

太阳星云开始时的直径大约100AU，质量是现在的太阳质量的两三倍。在这个星云中，比较重的物质往中间落，积聚成块，逐渐变成以后的行星。而星云外部越来越冷，因此靠里的行星有很多重的矿物质，而靠外的行星则多是气体或冰体。原太阳大约在46亿年前形成，各个行星在以后的八亿年中逐渐形成。

 知识小百科

赫罗图

　　丹麦天文学家赫茨普龙和美国天文学家罗素分别于1911年和1913年各自独立绘出恒星的光度－温度图，发现大多数恒星都分布在图中左上方至右下方的一条狭长带内，从高温到低温的恒星形成了一个明显的序

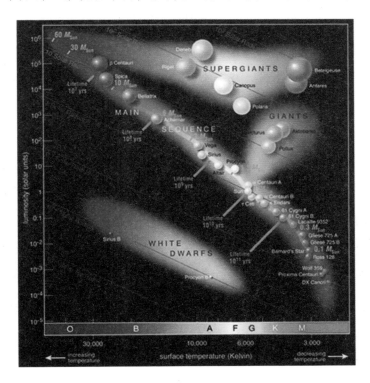

赫罗图

列，他们称之为"主星序"。为了纪念两位科学家作出的贡献，人们便将这种图称为赫-罗图。

赫茨普龙-罗素图（即赫罗图）是表示恒星温度或颜色与光度之间关系的图。该图显示出恒星的光度和表面温度随时间变化的情形，炽热明亮的蓝巨星位于左上方，而比较冷且暗的红矮星分布在图的右下角。横坐标是恒星的光谱型，根据恒星的温度或颜色可把恒星分成以字母O、B、A、F、G、K、M表示的七种类型。O型是热的蓝矮星，M型是较冷的红矮星。这是恒星的温度序列。纵坐标是绝对星等，即恒星光度。大多数恒星，包括太阳都在从左上至右下的一条对角线上，这条对角线被称为主星序，主星序上的恒星称为主序星，都处于一生中的氢燃烧阶段。当恒星核的氢烧完后，它们就离开主星序，开始氦燃烧而成为红巨星。最终红巨星坍缩，温度上升，成为白矮星。少数集中在右边中部组成巨星序，一些光度特别大的超巨星分布在图的上方。那些温度高、光度弱的白矮星集中在左下方一个较密集的区域。

赫罗图对研究恒星的演化有重要作用，而且赫罗图还与星球体积的大小有关。物理学家在研究热辐射光谱的时候，发现了在一个单位面积上，亮度与温度之间的关系。温度越高亮度越亮。所以在赫罗图上，我们也可以把相同表面积的星球，出现的位置用连线标示出来。我们可以看到，在图的右上方，低温且高亮度，所以是体积很大的星球。越往左下方高温且低亮度，所以体积越来越小。因此，一旦我们能够决定一个星球的光谱类型和绝对星等，我们就能估计出它的体积大小。

类地行星家族

　　类地行星是与地球相类似的行星，包括水星、金星、地球、火星。它们距离太阳很近，体积和质量都较小，平均密度较大，表面温度较高，大小与地球差不多，也都是由岩石构成的。天文学家认为这些行星上可能孕育生命，因而它们有着重要的研究意义。类地行星的构造都很相似：中央是一个以铁为主，且大部分为金属的核心。月球

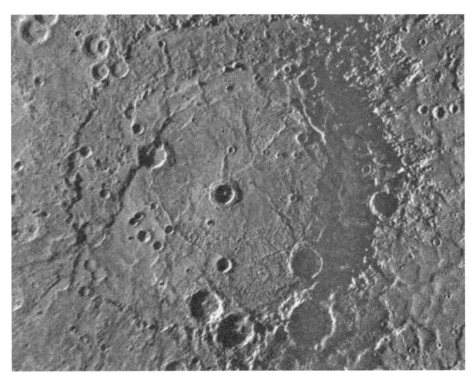

撞击坑

的构造也类似这些类地行星，但月球的核心缺乏铁质。类地行星上也有峡谷、撞击坑、山脉和火山，类地行星的大气层都是再生大气层，有别于类木行星的直接来自于太阳星云的原生大气层。理论上来说，类地行星上的岩石可以分为两类，一类以硅化合物为主；另一类以碳化物为主，比如含碳球粒陨石的小行星。这两类分别称为硅酸盐行星和碳行星（或"钻石星"）。

宇宙中是否真的存在和地球相类似的行星？我们的地球真的是宇宙独一无二的骄子吗？这是非常复杂的问题，迄今为止还没有人能给出一个肯定或者否定的回答。天文学家已经在银河系中发现了若干和地球相似的表面由岩石构成的行星。它们的质量远远超过地球，也缺乏围绕着旋转的类似太阳的星球，它们是围绕已经死亡的星体旋转。现在随着科技水平的日新月异的发展，对于这个问题的回答，已

经有了里程碑式的进展：科学家在太阳系外部发现了一个和地球非常相似的行星，编号为155，是太阳系外最小的行星。其半径是地球的2倍，质量是地球的7.5倍。这颗行星距恒星300万千米（0.021天文单位），它的轨道周期为1.94天，轨道大小只有太阳系水星轨道的十分之一。这颗新发现的行星所在的星系被命名为Gliese876，因为它围绕一颗名Gliese876的恒星运行。

研究组科学家认为，虽然没有直接证据表明这颗行星的表面是由岩石构成，但是从质量的测定排除了它是木星或天王星那样由气体构成的行星。有关数据表明，它很可能具有镍/铁岩石或者硅覆盖物的地形结构，介于地球陆地结构和天王星/海王星的热化的巨大冰结构之间；另外，它还具有稠密的蒸汽云层。这项成果是由位于夏威夷莫纳克亚山顶的凯克天文台观测得到的。凯克天文台拥有2台全世界最大

的10米光学巨型望远镜。每一台有8层楼高，重350多吨。这次的成功发现也要归功于凯克天文台技术的改进——光谱仪CCD探测器的精确度从3米/秒提高到了1米/秒，这为今后能够发现银河系内质量和地球相当的行星打下了基础。

◆ 水　星

　　水星是太阳系中最靠近太阳的行星，它与太阳的角距离最大不超过28度，最亮时目视星等达-1.9等，是太阳系中运动得最快的行星，平均速度为每秒47.89千米，至今尚未发现它有卫星。水星的体积在太阳系中排倒数第二，它的直径比地球小40%，比月球大40%。水星甚至比木星的卫星——木卫三和土星的卫星——土卫六还小。水星表面有一个类似月球表面的世

"水手"10号探测飞船

界。尘埃覆盖着陨石撞成的起伏山峦，几公里高的断层悬崖绵延数百公里，到处是大大小小的陨石坑。太阳看上去要比在地球上看的大上两倍半，由于没有足够的大气来散射阳光，天空通常都是漆黑一片。仰望天空也许可以看到两颗明亮的星：一颗是淡黄色的金星，另一颗是蓝色的地球。如果从地球上观测的话，水星的与太阳的最大距角只有28度，水星只在黎明或白天出现，因此科学家对它的观测非常困难，以致在"水手"10号造访水星前，人们对水星的认识都非常少。从"水手"10号探测飞船发回的图片上可以看到，水星的表面与月球非常类似，上面布满了陨石坑。水星上最大的陨石坑是Caloris盆地，它的直径约为1300千米，据估计，造成这个盆地的陨石直径可能超过100千米。

水星绕太阳转一周只需87.969个地球日，而它自转一圈则需要58.6462个地球日。由于它的公转与自转之间的关系较为复杂，如果按从太阳升起到太阳落下为一个单位来计算的话，水星上的一天将是176个地球日。水星上的大气非常稀薄，主要成份为氦（42%）、汽化钠（42%）和氧（15%），而且水星上白天的气温非常高，平均地表温度为179℃，最高温度为427℃，最低为零下173℃，因此水星上看来不可能有水存在。但1991年科学家在水星的北极发现了一个不同寻常的亮点，造成这个亮点的可能是在地表或地下的冰。至于水星上是否真的有可能存在冰，科学家推断，由于水星的轨道比较特殊，在它的北极，太阳始终只在地平线上徘徊。在一些陨石坑内部，可能由于永远见不到阳光而使温度降至零下161℃以下。这样低的温度就有可能凝固从行星内部释放出来的气体，或积存从太空来的冰。这样看来，水星上或许真的有冰的存在。

◆ **金　星**

　　金星是除太阳和月亮以外全天最亮的星，亮度最大时为−4.4等，比著名的天狼星（除太阳外全天最亮的恒星）还要亮14倍，犹如一颗耀眼的钻石，于是古希腊人称它为阿佛洛狄忒——爱与美的女神，而罗马人则称它维纳斯——美神。

　　金星和水星一样，是太阳系中仅有的两个没有天然卫星的大行星。因此金星上的夜空中没有"月亮"，它所看到的最亮的"星星"

金　星

阿佛洛狄忒

就是地球。由于离太阳比较近，所以在金星上看太阳时太阳的大小比地球上看到的要大1.5倍。

有人将金星和地球称为孪生姐妹。从结构上看，金星和地球的确有不少相似之处：金星的半径约为6073千米，只比地球半径小了300千米，体积是地球的0.88倍，质量为地球的4/5；平均密度略小于地球。外形和结构类似，但两者的环境却有天壤之别：金星的表面温度很高，没有液态水存在，加上极高的大气压力和严重缺氧等残酷的自然条件，金星上面便不可能有任何生命存在。因此可以说，金星和地球只是一对"貌合神离"的姐妹。

笼罩在金星周围的是浓密的大气和云层。这些云层为金星的表面罩上了一层神秘的面纱。只有借助射电望远镜才能穿过这层大气，看到金星表面的本来面目。金星大气中，二氧化碳最多，占到了97%以

射电望远镜

上，同时还有一层厚达20到30千米的由浓硫酸组成的浓云。金星表面温度高达摄氏465℃～485℃，大气压约为地球的90倍（相当于地球900米深海中的压力）。

金星的自转方式很特别，它是太阳系内唯一逆向自转的大行星，自转方向与其它行星相反，是自东向西。因此，在金星上看太阳的话，太阳是西升东落的。金星绕太阳公转的轨道是一个很接近正圆的椭圆形，且与黄道面接近重合，其公转速度约为每秒35公里，公转周期约为224.70天。但其自转周期却为243日，也就是说，金星的自转恒星日一天比一年还长。不过按照地球标准，以一次日出到下一次日出算一天的话，那金星上的一天要远远小于243天。这是因为金星是逆向自转的缘故；在金星上看日出是在西方，日落在东方；一个日出到下一个日出的昼夜交替只是地球上的116.75天。

金星的逆向自转现象有可能是很久以前金星与其它小行星相撞而造成的，但是直到现在还无法证明。除了这种不寻常的逆行自转以外，金星还有一点不寻常：金星的自转周期和轨道是同步的。这么一来，当两颗行星距离最近时，金星总是以同一个面来面对地球（每5.001个金星日发生一次）。这可能是潮汐锁定作用的结果——当两颗行星靠得足够近时，潮汐力就会影响金星的自转。当然，这也有可能仅仅只是一种巧合。

◆ 火 星

在希腊人之前，古罗马人曾把火星作为农耕之神来供奉。而好侵略扩张的希腊人却把火星作为战争的象征，因而火星也被人们称为战神。又或许是因为它鲜红的颜色，火星有时也被称为"红色行星"。另外，月份三月的名字也是得自于火星。火星在我国古代被称为"荧惑"，这是由于火星呈红色；而荧光很像火，在五行中象征着火，它的亮度常有变化，而且经常在天空中运动，有时从西向东，有时又从东向西，情况复杂，令人迷惑，所以我国古代叫它"荧惑"，有"荧荧火光，离离乱惑"之意。

火星的表面有很多年代已久的环形山，也有不少形成不久的山谷、山脊、小山及平原。在火星的南半球，有着与月球上相似的曲型的环状高地，而与之相对的北半球大多由新近形成的低平的平原组成，至于这些平原的形成过程则十分复杂。南北边界上出现几千米的巨大高度变化后形成南北地势巨大差异的原因以及边界地区高度剧变的原因目前还不得而知，有人推测这是由于火星外层物增加的一瞬间产生的巨大作用力所形成的，但还未有相关资料证明这一猜测。最近，一些科学家开始怀疑那些陡峭

火　星

的高山是否就是在它原先的地方，但这个疑问也只能交给"火星全球勘测员"来解决了。

关于火星的内部情况，科学家只能依靠它的表面情况资料和有关的大量数据来进行推断。一般认为它的核心部分是由半径为1700千米的高密度物质组成的；外包一层熔岩，这层熔岩要比地球的地幔更稠些；最外层是一层薄薄的外壳。相对于其他的固态行星而言，火星

的密度较低，这表明火星核中的铁（镁和硫化铁）可能含较多的硫。

和水星和月球一样，火星也缺乏活跃的板块运动，没有任何迹象表明火星上曾经发生过能造成像地球般如此多褶皱山系的地壳平移活动。由于没有横向的移动，在地壳下的巨热地带相对于地面而言是处于静止状态的，加之地面的轻微应力，造成了凸起并且形成了巨大的火山。但是，至今人们却并未发现

火星全球勘测器

火　山

火山最近有过活动的迹象。虽然火星上可能确实曾经发生过很多火山运动，但从外表看起来它似乎从未有过任何的板块运动。

相关资料显示，火星上曾有过洪水，地面上也有一些小河道，这些都十分清楚地证明了火星上许多地方都曾受到侵蚀。过去，火星表面存在过干净的水，甚至还可能有过大湖和海洋。但是，由于火星引力小，水蒸发成气体以后只能存在很短的时间，而且据估计即使曾经有过大江和海洋，那距今也有大约四十亿年之久了。由于时间过于久远，而且证据比较缺乏，这些猜测也都得不到相关证据的证明，这些也就只能是推测了。

◆　地　球

我们人类所居住的地球也是太

带你数游星空

阳系的八大行星之一，按距离太阳由近及远的次序排在第三位。地球有一颗天然的卫星——月球，地球和月球组成了一个天体系统，即地月系统。

46亿年以前，地球起源于原始太阳星云，自产生以来，地球始终自西向东自转，同时围绕着太阳公转。地球自转与公转运动的结合才产生了地球上的昼夜交替和四季变化。地球自转的速度是不均匀的。而且，受日、月、行星的引力作用以及大气、海洋和地球内部物质的各种作用，地球的自转轴在空间和地球本体内的方向都会产生变化。地球自转所产生的惯性离心力使得原本球形的地球由两极向赤道逐渐膨胀，成为目前的这种略扁的旋转

地　球

椭球体，极半径比赤道半径约短21千米。地球可以被看作是由一系列的同心层组成。地球内部有核、幔、壳结构。地球外部有水圈和大气圈，还有磁层，这就是围绕固态地球的"外套"。

地球的外圈可进一步划分为四个基本圈层，即大气圈、水圈、生物圈和岩石圈。

大气圈——大气圈是地球外圈中最外部的气体圈层，它包围着地球上的海洋和陆地。大气圈并没有确切的上界，即使是在2000～16000千米的高空仍然还有稀薄的气体和基本粒子。在地下，土壤和某些岩石中也会有少量空气，它们也可以被认为是大气圈的一个组成部分。地球大气的主要成分为氮、氧、氩、二氧化碳和不到0.04%比例的微量气体。地球大气圈的气体

大气圈

总质量约为5.136×1021克，相当于地球总质量的百万分之0.86。由于受地心引力的作用，几乎全部的气体都集中在离地面100千米的高度范围内，其中75%的大气又集中在地面至10千米高度的对流层范围内。根据大气的分布特征，对流层之上还可再细分为平流层、中间层、热成层等。

水圈——水圈包括海洋、江河、湖泊、沼泽、冰川和地下水等，它是一个连续但不很规则的圈层。从离地球数万公里的高空俯瞰地球，可以看到地球大气圈中的水汽形成的白云和覆盖了大部分地球的蓝色海洋，使地球成为一颗"蓝色的行星"。而大气圈和水圈的结合就组成了地表的流体系统。地球水圈的总质量为1.66×1024克，约为地球总质量的3600分之一，其中

蓝色海洋

海洋水质量约为陆地（包括河流、湖泊和表层岩石孔隙和土壤中）水的35倍。如果整个地球没有固体部分的起伏的话，那么整个地球将被深达2600米的水层所均匀覆盖。

生物圈——由于地球上存在大气圈、水圈和地表的矿物，使得地球形成了合适的温度条件，这就为生物提供了适宜生存的自然环境。

人们通常所说的生物，是指有生命的物体，包括植物、动物和微生物。据估计，地球上现存的植物约有40万种，动物约有110多万种，微生物则至少有10多万种。据统计资料显示，在地球的地质历史上曾生存过的生物约有5~10亿种之多。然而，在地球漫长的演化过程中，绝大部分都因为这样那样的原因灭

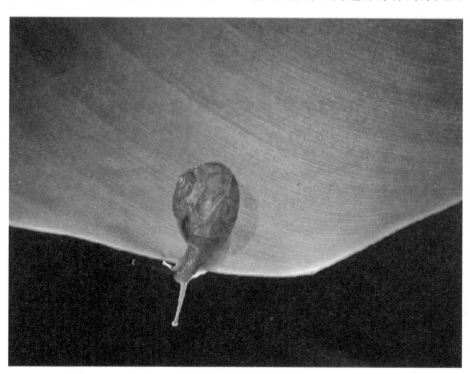

地球生物

绝了。现存的生物生活在地球岩石圈的上层部分、大气圈的下层部分以及全部的水圈层中，构成了地球上一个独特的圈层，人们称之为生物圈，生物圈也是太阳系的所有行星中仅存在于地球上的一个独特圈层。

岩石圈——地球的岩石圈除表面形态外，其他是人们无法直接观测到的。它主要是由地球的地壳和地幔圈中上地幔的顶部组成的，范围从固体地球表面向下穿过地震波在约33公里处所显示的第一个不连续面（莫霍面），一直延伸到软流圈为止。岩石圈厚度不均一，平均厚度约为100千米。由于岩石圈及其表面形态与现代地球物理学、地球动力学有着密切的关系，因此，

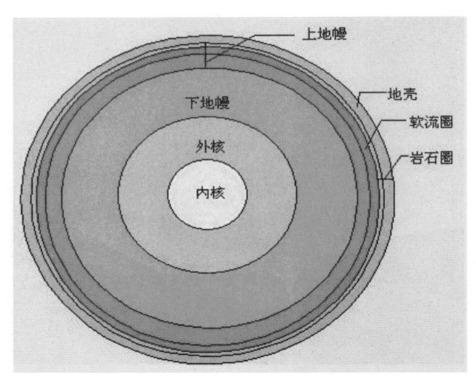

岩石圈

岩石圈是现代地球科学中被研究得最多、最详细、最彻底的固体地球部分。由于洋底占据了达地球表面总面积的2/3之多，而大洋盆地约占海底总面积的45％，其平均水深为4000～5000米，大量发育的海底火山就分布在大洋盆地中，其周围延伸着广阔的海底丘陵。因此，整个固体地球的主要表面形态可认为是由大洋盆地与大陆台地组成的，对它们的研究就构成了与岩石圈构造和地球动力学有直接联系的"全球构造学"理论。

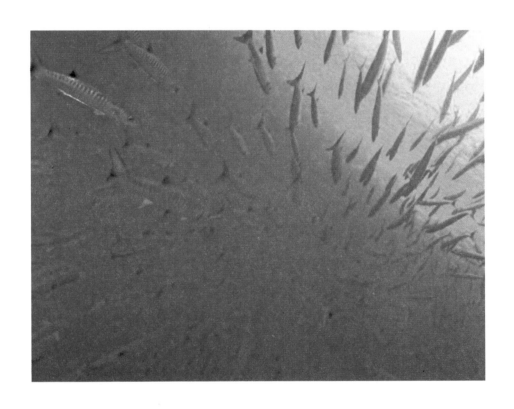

海 底

知识小百科

1.世界地球日。1970年4月22日，在太平洋彼岸的美国，人们为了解决环境污染问题，自发地掀起了一场声势浩大的群众性的环境保护运动。在这一天，全美国有10000所中小学，2000所高等院校和2000个社区及各大团体共计2000多万人走上街头，人们高举着受污染的地球模型、巨画、图表，高喊着保护环境的口号，举行游行、集会和演讲，呼吁政府采取措施保护环境。这次规模盛大的活动，震撼朝野，促使美国政府于70年代初通过了水污染控制法和清洁大气法的修正案，并成立了美国环保局。从此，美国民间组织便提议把4月22日定为"地球日"。随着环境保护运动的发展壮大，"地球日"的影响日趋扩大并且超越了美国国界，得到了世界上许多其他国家的积极响应。

2.世界地球日的中国主题。世界地球日一直没有国际统一的特定主题，世界地球日的总主题始终是"只有一个地球"，面对日益恶化的地球生态环境，我们每个人都有义务行动起来，用自己的行动来保护我们赖以生存的家园。中国是从20世纪90年代开始参与世界地球日活动的，在1990年4月22日地球日诞生20周年之际，李鹏总理发表了电视讲话，以此支持地球日活动。从此，中国社会各界每年4月22日都会进行地球日的纪念宣传活动。目前最主要的活动是由中国地质学会、国土资源部组织的纪念活动。下面我们来介绍一下以往历年世界举行"世界地球日"的纪念活动的主题：

1974年　《只有一个地球》

1975年 《人类居住》

1976年 《水：生命的重要源泉》

1977年 《关注臭氧层破坏、水土流失、土壤退化和滥伐森林》

1978年 《没有破坏的发展》

1979年 《为了儿童和未来——没有破坏的发展》

1980年 《新的10年，新的挑战——没有破坏的发展》

1981年 《保护地下水和人类食物链；防治有毒化学品污染》

1982年 《纪念斯德哥尔摩人类环境会议10周年——提高环境意识》

1983年 《管理和处置有害废弃物；防治酸雨破坏和提高能源利用率》

1984年 《沙漠化》

1985年 《青年、人口、环境》

1986年 《环境与和平》

1987年 《环境与居住》

1988年 《保护环境、持续发展、公众参与》

1989年 《警惕，全球变暖！》

1990年 《儿童与环境》

1991年 《气候变化——需要全球合作》

1992年 《只有一个地球——一齐关心，共同分享》

1993年 《贫穷与环境——摆脱恶性循环》

1994年 《一个地球，一个家庭》

1995年 《各国人民联合起来，创造更加美好的世界》

1996年 《我们的地球、居住地、家园》

1997年 《为了地球上的生命》

1998年　《为了地球上的生命——拯救我们的海洋》

1999年　《拯救地球，就是拯救未来》

2000年　《2000环境千年——行动起来吧！》

2001年　《世间万物，生命之网》

2002年　《让地球充满生机》

2003年　《水——二十亿人生命之所系》

2004年　《海洋存亡　匹夫有责》

2005年　《营造绿色城市，呵护地球家园》

2006年　《莫使旱地变荒漠》

2007年　《善待地球　造福人类》

2008年　《冰川消融，后果堪忧》

2009年　《绿色世纪》

2010年　《低碳经济绿色发展》

类木行星家族

讲完了类地行星，我们再来看一下类木行星。木星、土星、天王星和海王星被称为类木行星，它们的共同特点是都主要由氢、氦、冰、甲烷、氨等构成，石质和铁质只占极小的比例，它们的质量和半径均远大于地球，但密度却比较低。类木行星还有另外几个共同特征，那就是它们都具有行星环的结构且星体的密度较低，土星的密度

木　星

甚至比水还要低；都有比较多的卫星，旁边还有一圈圈光环。

◆ 木　星

　　木星是太阳系中最大的行星，它的体积大过地球的一千倍，质量超过了太阳系中其他八颗行星质量的总和。和其他巨行星一样，木星是一个巨大的气态行星。木星没有固态的表面，而是覆盖着966千米厚的云层。通过望远镜观测的话，这些云层就象是木星上的一条条绚丽的彩带。木星的中央是一个由硅酸盐岩石和铁组成的核，核的质量

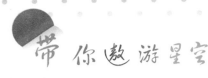

是地球质量的10倍。木星的最外层是一层主要由分子氢构成的浓厚大气层。随着深度的增加，氢逐渐转变为液态。在离木星大气云顶一万公里处，液态氢在100万巴的高压和6000K的高温下则变成了液态金属氢。

由于木星的自转速度很快，因而它的天气系统就很复杂多变，木星云层的图案无时无刻不在变化。我们在木星表面可以看到大大小小的风暴，其中最著名的是名叫"大红斑"的风暴。这是一个朝着顺时针方向旋转的古老风暴，它已经在木星大气层中存在了几百年。大红斑有三个地球那么大，其外围的云系每四到六天即运动一周，风暴中央的云系运动速度稍慢一些且方向不定。由于木星上的大气运动剧烈，致使木星上也有与地球上类似的高空闪电。木星的两极也有极光，这似乎是因从木卫一上火山喷发出的物质沿着木星的引力线进入

木星大气而形成的。光环系统是太阳系巨行星的一个共同特征，光环主要是由小石块和雪团等物质组成的。木星的光环没有土星的光环那么显著且壮观，因此很难观测到，但它也可以分成四圈，合起来约有6500公里宽，只是厚度不到10公里。

◆ 土 星

土星是太阳系第二大行星，直径达119300公里。它与木星十分相像，表面也是液态氢和氦的海洋，上方也同样覆盖着厚厚的云层，云层中含有大量的结晶氨。土星上狂风肆虐，沿东西方向的风速可超过每小时1600公里，就是这些狂风造成了土星上空的厚厚的云层。土星大气层的主要成份是氢，此外还有少量的氦和甲烷。土星是太阳系中唯一一颗密度小于水的行星，如果土星上面有一个足够大的海洋能够容纳它的话，那土星就永远不会沉

土　星

土星极光

底了。土星的云层也时常变幻，图案与木星有很多相似的地方，但要比木星黯淡得多，并且在土星的两极大气中也会有极光出现。

土星的自转速度很快，它只需要10个小时39分钟就可以自转一周。在如此快速的自转速度作用下，土星看起来就好像变成了一个明显的椭球。土星距离太阳14亿3千2百万千米，它的公转周期是29.4年。

土星上最引人注目的一点就是环绕着它自身赤道的巨大光环。太阳系所有的巨行星都有光环，但土星的光环却是最显著的，以至于在地球上的人们只需要一架小型望远镜就能很清楚地看到它。土星的光环不是一个整体，它包含7个小环，环的外沿直径约为27 4000千米。光环主要是由一些冰、尘埃和石块混合在一起的碎块构成的，这些碎块可能是一颗远古时代的土星卫星在土星系潮汐引力的作用下瓦

解后剩下的残片。

土星卫星的形成机制有许多种。在众多的卫星中，只有土卫六外面有一个我们可以观测到的大气层。此外，土星大部分卫星的自转周期与公转周期相等，只有土卫九和土卫十二是例外，它们两个的公转轨道是混乱的。土星有一个很有序的卫星系统，除了土卫九和土卫十三以外，它的多数卫星都沿着一个接近正圆的与土星赤道平行的平面运行。大部分卫星都由30%~40%的岩石和60%~70%的冰构成。目前科学家确定共有18颗经正式确认和命名的卫星围绕在土星周围，此外有12颗卫星未经最终确认。这些未经确认的卫星是科学家们通过旅行者号探测器拍摄回来的照片发现的，但此后并没有再次观测到过。不过，后来哈勃太空望远镜倒是又观测到四个小天体，科学家们推测它们有可能也是土星的卫星。

土卫六

◆ **天王星**

天王星也是类地行星家族中的一员，它基本上是由岩石和各种各样的冰组成的，它的构成中仅含有15%的氢和一些氦（这与大多数由氢组成的木星和土星相比是较少的）。如果木星和土星去掉巨大的液态金属氢外壳只剩内核的话，天王星和海王星在许多方面倒是与之很相像。虽然天王星的内核不像木

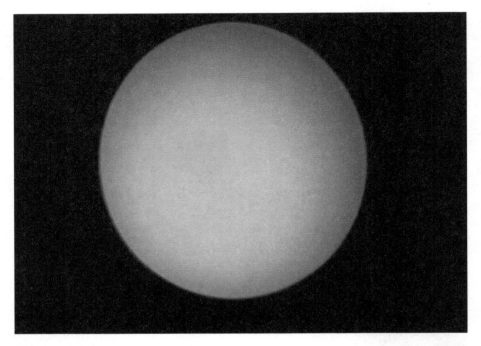

天王星

星和土星那样是由岩石组成的，但它们的物质分布却几乎是相同的。天王星的大气层中含有大约83％的氢，15％的氦和2％的甲烷。

如其他所有的气态行星一样，天王星也有带状的云围绕着它快速地飘动。但是它们太微弱了，以至于只能由旅行者2号经过加工的图片才可看出。但后来据哈勃望远镜的观察显示的条纹却更大更明显。科学家推测，这种差别可能主要是由于季节的作用而产生的，因为在太阳直射到天王星的某个低纬地区时可能会造成明显的白天黑夜的情况，这样就会产生清晰或模糊的不同结果。

◆ **海王星**

海王星是太阳系的第八颗行星，它也是距离太阳最远的一颗行星，它的体积在太阳系中排第四，但质量排名却是第三。海王星的质量大约是地球的17倍，而跟它类似双胞胎的天王星因密度较低，所以质量比较小一点，大约是地球的14倍。海王星的英文名是Neptune，它是继天王星之后的第二颗以罗马神话命名的行星，因为Neptune是海神，所以中文译为海王星，而海王星的天文学符号则是希腊神话的海神波塞冬所使用的三叉戟。

海王星的组成成分与天王星的组成成分很相似：各种各样的"冰"和含有15%的氢和少量氦的岩石。海

王星跟天王星相似，而和土星和木星不同的是或许它有明显的内部地质分层，但组成成分上仍然有着或多或少的一致性。海王星很有可能拥有一个岩石质的小型地核，这个地核的质量与地球相仿。海王星的大气多半由氢气和氦气组成，还有少量的甲烷。而海王星所呈现的蓝色应该是大气中的甲烷吸收了日光中的红光后造成的。海王星还是典型的气体行星，上面呼啸着按带状

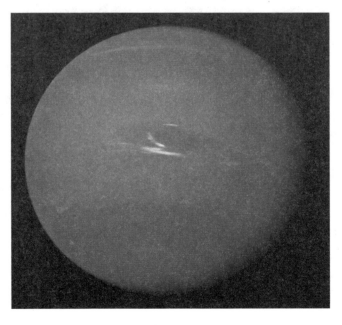

海王星

海神波塞冬

分布的大风暴或旋风，而海王星上的风暴时速可达到2000千米，是太阳系中最快的。另外，海王星和土星、木星一样，内部也有热源——它辐射出的能量是它吸收的太阳能的两倍多。

在旅行者2号造访海王星期间，人们发现海王星上面最明显的特征就属位于南半球的大黑斑了。黑斑的大小约是木星上的大红斑的一半，海王星上的疾风以300米/秒的速度把大黑斑向西吹动。旅行者2号还在海王星的南半球发现了一个较小的黑斑以及以大约16小时一周的速度环绕海王星飞驶的不规则的小团白色烟雾，现在得知这小团白色烟雾是"The Scooter"。它究竟是什么，没有人知道，有人猜测它或许是一团从大气层低处上升的羽状物。然而，1994年科学家用哈勃望远镜对海王星的观察显示，海王星上面的大黑斑竟然消失了！它也许确实就这么消失了，也许只是暂时被大气层的其他部分所掩盖。而几个月后哈勃望远镜又在海王星的北半球发现了一个新的黑斑。这也可以表明海王星的大气层的变化频繁，原因可能是云的顶部和底部温度差异的细微变化所引起的。

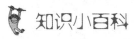 知识小百科

旅行者2号

旅行者2号是美国于1977年8月20日发射的一艘美国国家航空航天局无人宇宙飞船。它与其姊妹船旅行者1号基本上设计相同。不同的是旅行者2号遵循一个较慢的飞行轨迹，使它能够保持在黄道（即太阳系众行星的轨道水平面）之中，并在1981年的时候透过土星的引力加速飞往天王星和海王星。因此，它并没有像它的姊妹旅行者1号一样能够如此靠近土卫六。但它因此而成为了第一艘造访天王星和海王星的宇宙飞船，完成了藉这个176年一遇的行星几何排阵而造访四颗行星的机会。

旅行者2号被认为是从地球发射的太空船中最多产的一艘宇宙飞船。原因就在于美国国家航空航天局对其后的伽利略号和卡西尼-惠更斯号等的计划上收紧了花费，但即使在这种情况下，它仍然能够携带强大的摄影机及大量的科学仪器造访四颗行星及其卫星。

旅行者2号

第三章

恒星、行星与卫星

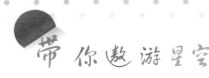

　　浩瀚的宇宙中，恒星、行星和卫星是最重要也最具有代表性的几种天体。恒星是指由炽热气体组成的，能自己发光的球状或类球状天体。行星通常是指自身不能发光，环绕恒星运动的天体。行星的公转方向常与所围绕的恒星的自转方向相同。卫星是指围绕在一颗行星周围并按自身闭合轨道进行周期性运行的天然天体，而现代由人类建造的用火箭、航天飞机等太空飞行载具发射到太空中并像天然卫星一样绕地球或其他行星运行的装置也叫做卫星。

　　太阳是我们目前所知道的最重要的一颗恒星，除了太阳之外，最靠近地球的恒星是半人马座的比邻星。其他还有天狼星，老人星，南门二，织女星和牛郎星等。太阳系中有众所周知的八大行星：水星、金星、地球、火星、木星、土星、天王星和海王星。其中地球是人类目前所知的唯一一颗有生命存在的行星。而卫星中最具代表性的当然要数月球了。从古到今人类一直在对宇宙进行着孜孜不倦的探索，希望能够了解到更多的宇宙奥秘。随着科技水平的逐渐提高，宇宙的奥秘将会一步一步被揭开。这一章我们要介绍的就是这三大类天体。

恒星家族介绍

地球上晴朗无月的夜晚，在无光污染的地区，一般人用肉眼大约可以看到 6000 多颗恒星。借助于望远镜，则可以看到几十万乃至几百万颗以上。据估计银河系中大约有一、二千亿颗恒星。因为古代人没有望远镜之类的工具，所以他们认为恒星就是固定不动的星体，便把它们叫作恒星，意思即为永远不动的星星。但实际上恒星并非一动不动的，只是因为它们离我们实在太遥远，如果不借助于特殊工具和方法，我们光凭肉眼是很难发现它们在天上的位置变化的。

恒星也有自己的生命发展史，经历了从诞生、成长到衰老，最终

光污染

日　冕

走向死亡的生命历程。它们大小不同，色彩各异，各自的演化过程也不尽相同。恒星与生命之间的联系不仅仅只表现在它为生命提供了光和热。实际上构成行星和生命物质的重原子就是在某些恒星生命结束时发生的爆发过程中产生的。

恒星都是气体星球。我们可以根据实际观测和光谱分析来了解恒星大气的基本结构。一般认为在一部分恒星的最外层有一个类似日冕状的高温低密度星冕，它常常与星风有关。科学家发现在有的恒星星冕内会产生某些发射线的色球层，其内层大气吸收更内层高温气体的连续辐射而形成吸收线。人们有时把这层大气叫作反变层，把发射连续谱的高温层叫作光球。其实，形成恒星光辐射的过程说明光球这一层相当厚，其中各个分层均有发射和吸收。光球与反变层不能截然分开。太阳型恒星的光球内，有一个平均约十分之一半径或更厚的对流层。在上主星序恒星和下主星序恒星的内部，对流层的位置很不一样。能量传输在光球层内以辐射为主，在对流层内则以对流为主。

关于光球和对流层，我们常常利用模型来进行比较详细的研究，这些模型是根据实际测得的物理特性和化学组成建立起来的。我们可以从流体静力学平衡和热力学平衡的基本假设出发，建立起若干关系式，用以求解星体不同区域的压力、温度、密度、不透明度、产能率和化学组成等。恒星的中心进行着不同的产能反应，温度可高达数百万乃至数亿度，具体情况要视恒星的基本参量和演化阶段而定。一般认为恒星是由星云凝缩而成，主星序以前的恒星因温度不够高，所以不能发生热核反应，只能靠引力收缩来产能。进入主星序之后，恒星的中心温度高达700万度以上，便开始发生氢聚变成氦的热核反应。这个反映过程很长，是恒星生命中最长的一个阶段。氢燃烧完毕后，恒星内部开始收缩，而外部开始膨胀，逐渐演变成表面温度低而体积庞大的红巨星，并有可能发生脉动。而那些内部温度上升到近亿度的恒星，便开始发生氢碳循环。在这些演化过程中，恒星的温度和光度按一定规律变化，从而在赫罗图上形成一定的径迹。最后，一部分恒星会发生超新星爆炸，气壳飞走，核心压缩成中子星一类的致密星而趋于"死亡"。

◆ 天狼星

　　天狼星是大犬座中的一颗一等星，是除太阳之外全天最亮的星星。天狼星是由甲、乙两星组成的目视双星，甲星是全天第一亮星，属于主星序的蓝矮星；乙星一般称天狼伴星，是白矮星，质量比太阳稍大，但半径比地球还小，它的物质主要处于简并态，平均密度约 3.8×10^6/立方厘米。甲乙两星轨道周期为 50.090 ± 0.056 年，轨道偏心率为 0.5923 ± 0.0019。天狼星与我们的距离为 8.65 ± 0.09 光年。关于天狼星是否是密近双星，这与天狼双星的演化过程有关。古代曾经有天狼星是红色的记载，这也为我们现代的研究提供了线索。1975年发现了来自天狼星的X射线，对此有两种不同的意见：有人认为这可能是乙星的几乎纯氢的大气深层的

天狼星

热辐射，而有人则认为这可能是由甲星或乙星的高温星冕产生的，所以具体原因至今仍在研究。据有关资料显示，高能天文台2号卫星分别测得甲星和乙星的0.15～3.0千电子伏波段X射线，并从中得出结论：乙星的X射线比甲星强得多。

古代流传的神话故事中说，天狼星主武力，崇尚天狼星代表了人们对勇武豪爽的欣赏。在中国的古代传说中，天狼星也代表着"侵略者"，我国古人把它看成是主侵略之兆的恶星。中国古代著名诗人苏轼就曾经说过："西北望，射天狼。"这句企盼和平的词句；而屈原在《东君》里也写道："举长矢兮射天狼……"，他把天狼星比作四处侵略别国的秦

苏　轼

国，表达了希望能射下天狼，为民除害的心愿。

古罗马时期，每年的七月，当天狗星首次从晨曦中的地平线出现时，人们总要献上红毛的狗作为祭品。他们的诗人写道："火星闪烁着温和的红光，而天狗星的红色却比它更强。"除此之外，还有很多

楔形文字

有名的古典作家都把天狗星的光芒描写成红色，甚至在公元前1000年以前，巴比伦人也用他们的楔形文字记录下这颗星的颜色是红色的。这颗天狗星，也就是我们今天所称的天狼星。天狼星是离我们最近的恒星之一，距离我们不到9光年。但是我们今天观察到的天狼星却不是红色的，而是白色的。难道是古代天文学家都观察错了吗？

有的科学家认为，这也许是因为古代天文学家是在天狼星接近地平线时观察它的，正如落日一样，天狼星也因地球大气的折射而呈现红色。但是，联邦德国天文学家施洛夏和历史学家柏格文却对此提出异议。他们认为，公元六世纪以前的古代天文学家观察到的天狼星确实是红色的！这两位学者联名在《自然》杂志上发表了一篇文章，说他们研究了中世纪前期法兰克王国都尔主教格里哥利在公元577年所作的编年史。据说当时为了给各修道院提供正确的晨祷时间，格里哥利主教在他的卷册中列出了每一个月某些星座从地平线上升起的时刻。两位学者在认真研究了编年史中这些星星的上升时间及它们在晨曦中消失的时刻以后，认出了其中的一颗星就是天狼星。格里哥利主教把这颗星称为"卢比奥拉"，意思即是"红色"或"铁锈色"。他们二人指出，格里哥利没有用传统的星名，可能是因为他不熟悉古希腊古罗马的星象知识。所以，这两位联邦德国科学家据此得出以下结论：天狼星在1400年之前还是红色的。然而，在大约400年之后的阿拉伯天文学家阿尔·苏菲所作的星表中，天狼星却并没有被列入红色星一类。所以推断天狼星应该就是在这大约400年的时间中改变了颜色的。

到了十九世纪，天文学家们又发现了原来天狼星是一颗双星，它还有一颗伴星，科学家称之为天狼星B。以前只是因为天狼星B太暗，人们用肉眼根本看不到它。天文学家认为，天狼星B是一颗白矮星，是死亡中的星球。而年老的星球在变成白矮星之前，都会先变冷，逐渐膨胀成为红巨星。这两位联邦德

白矮星

国天文学家说，古代天文学家观察到的正是变成红巨星的天狼星B。因为古代天文学家是用肉眼观察的，所以他们不能把白天的天狼星A从天狼星B的耀眼红光中分辨出来。由于两颗星的光芒相加，所以当时的天狼星特别明亮。据古代巴比伦人的楔形文字记载，当时可以从白天的天空中看见天狼星。

天狼星B演变为白矮星的过程可以说是逐渐的，也可以说是突然塌缩的，这取决于天狼星B的原来质量大小。大多数天文学家认为，一颗红巨星逐渐演变成白矮星大约需要几万年的时间。所以如果说天狼星B是在400年之内逐渐演变成白矮星的，那这段时间实在短得不可思议。而如果说天狼星B是突然塌缩的，那么这个过程应该伴随有一次天狼星B的大爆发，天狼星B会将它的大部分星体物质抛到宇宙空间里。但是我们却从未观察到过和这次爆发相关的任何蛛丝马迹。例如

按照正常情况，我们应该可以观测到有一个围绕着天狼星B向外扩张的气体云环。而且，天狼星B的爆发肯定会引起天狼星在几个星期或者几个月中突然变得十分耀眼，那样的话肯定会在地球人心中留下深刻印象。但是，到目前为止我们还找不出任何有关这次爆发的文字记载资料。

科学家的推测也许是对的，也许是错的，需要有确切的资料来证明。但有一条线索或许可以追寻下去：科学家对天狼星A所做的光谱分析显示，天狼星A的金属含量比同类星球的正常含量要高。科学家指出，这些多出来的金属成分可能是天狼星B爆发时喷到天狼星A上，后被天狼星A所吸收的。施洛夏说："由于对天狼星的研究，我们可能要改写天体演化的理论。"

关于天狼星的伴星也流传着一个美丽动人的传说。传说天狼星的伴星——也就是人类发现的第一颗

白矮星——舞蝶仙子，她深深地爱上了天狼星。玉帝知道这件事情以后勃然大怒，将舞蝶仙子贬为凡人。可几经转世后，舞蝶仙子仍不改痴心，一直都坚守自己的爱情。玉帝被她的痴情所感动，于是便让她化作天狼星的伴星，让她永远与自己心爱的人在一起，亿万年都不改变。所以我们现在看到的天狼星是两颗星，两颗深深相爱、不离不弃的星。

◆ 老人星

老人星即船底座α星，英文名为Canopus，意思是"斯巴达国王梅纳雷阿斯的航船导航者"，得名自搭载希腊军队远征特洛伊城的船长。老人星呈青白色，是南半球船底座中最亮的一颗星星，亮度仅次于天狼星。视星等−0.72，绝对星等−4.7，光度为太阳光度的6000倍，质量为太阳质量的12倍，亦称"老人"。古人认为它象征着长寿，故又名"寿星"。在我国南方

老人星

特洛伊城遗址

可以看到它在近地平线处出现。

在太空时代之前，人类很难去计算地球和老人星之间的距离，因此人们推测它离我们的距离有1200光年之远。而现在通过科学观测和计算，我们知道老人星是距地球700光年距离以内最强大的一颗恒星。

在中国民间流传着一个康熙皇帝与老人星的趣闻故事：据说康熙（即清圣祖玄烨大帝）爱好广泛，对自然科学也有着浓厚的兴趣。在他登基的第28年（即公元1689年），康熙南巡时曾到南京鸡笼山（鸡鸣山）登观星台，专门寻找老人星。鸡笼山东对紫金山，北临玄武湖，山明水秀，很多在南京建都的朝廷都选在这里建观象台，当时尚有明钦天监观星台旧址。

这天晚上，恰是晴空万里，满

天星斗。康熙带着大臣登上鸡笼山观星台。

望着满天繁星，康熙问大臣们：“你们谁懂天文呀？”

大臣们都知道皇帝懂天文，谁也不敢在这时表现，就都推说不会。康熙看学士李光地站在不远处，就把他喊了过来：“李光地，你不是精通天文历算吗？朕来考考你。”

李光地惴惴地过来：“回圣上，臣哪敢言精通？只不过照书本上的历法抄袭几句而已，至于星象全不认得。”

“全不认得？”康熙微笑着指一下正南方高挂的参宿三星，“这是什么星？”

李光地回答：“是参宿三星。”

康熙不满地说：“你刚说完星象全不认得，如何又认得参宿三星？”

李光地乖乖地说：“回圣上，三星人人都认识。至于别的星，臣

康　熙

实在不认得。”

这里康熙和李光地所说的“参宿三星”实际上就是我们现在所说的“老人星”。

◆ 南门二

南门二，位于天空南方的半人马座α星，是全天第三亮星，也是离我们最近的亮星，在我国南方地区就可以观察到它。虽然肉眼分辨

不出来，不过南门二实际上是一个三合星系统，是由甲、乙、丙三星组成的目视三合星。甲、乙两星都是特亮星，丙星约11等。甲星是黄矮星，乙星是红矮星，甲乙两星目视双星的轨道周期为80.089年，轨道偏心率为0.5208；丙星即著名的"比邻星"，是已知的离太阳系最近的恒星，距离太阳只有4.22光年。

南门二也因作为南十字星座最外围的指引而闻名，传闻当年郑和下西洋，就是用它来指引方向的。因为南十字星座的位置太过南边，所以大部分的北半球都看不到，因此南门二就充当了南十字星座的指引者。

南门二是距离太阳最近的恒星系，只有4.37光年（约277 600天文单位）。因为南门二距离地球相

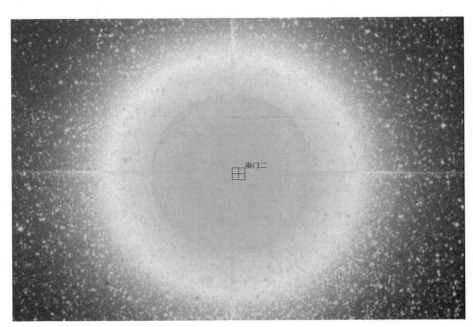

南门二

对较近，所以在关于星际旅行的冒险小说中，作家便理所当然将它当成了星际旅行的"第一个停靠港口"，并预测在人口爆炸时甚至会对这个恒星系进行开发与殖民活动。这些观点通常会也在科幻小说与电子游戏中出现。

◆ **织女星**

织女星是天琴座最亮的恒星，也是全天第五亮星，学名叫天琴座α，赤径18°47′，赤纬38度47分。平时，我们都叫它织女星，而在西方则称为Vega。织女星在古埃及被称作"秃鹫星"。在1801年约翰·波德设计的星图上可以十分清楚的看到这只秃鹫。织女星的直径是太阳直径的3.2倍，体积为太阳的33倍，质量为太阳的2.6倍，表面温度为8900摄氏度，呈青白色。它是北半球天空中三颗最亮的恒星之一，距离地球大约26.5光年。

织女星与位于天鹰座的河鼓二（牛郎星），及天鹅座的天津四，组成著名的"夏季大三角"。如果把它看作是一个直角三角形，那织女星便是构成直角的星星。织女星的视星等接近零，因此不少专业天文学家会以织女星来作光度测定的标准。织女星的光谱分类为A0V，其温度比天狼星的A1V高一点。它仍处于主序星阶段，并通过把核心

织女星

牛郎织女星

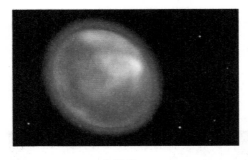

牛郎星

内的氢，聚变成氦来发光发热。此外，织女星的质量为太阳的2.5倍，而质量越高的恒星，其消耗燃料的速度也较快，每秒放出相等于太阳50倍的能量，因此织女星的寿命仅为10亿年，是太阳寿命的十分之一。经测定，织女星每12.5小时自转一周，整颗织女星呈扁平状，

赤道直径比两极大了23%。据说在1.3万多年以前，织女星曾经是北极星。后来由于地轴的进动，小熊座α星变成了现在的北极星。也许，再过1.2万年以后，织女星又将回到北极星的显赫位置上。

在织女星的旁边，有四颗星星构成的一个小菱形。传说这个小菱形就是织女织布所用的梭子，织女织布的时候，她就一边织布，一边抬头深情地望着银河东岸的牛郎（河鼓二）和她的两个儿子（河鼓一和河鼓三）。

◆ **牛郎星**

牛郎星，也叫河鼓二（即天鹰座α星），是夏秋的夜晚天空中非常著名的一颗亮星，呈银白色。牛郎星距地球16.7光年，直径为太阳直径的1.6倍，表面温度在7000℃左右，发光本领比太阳大8倍，目视星等为0.77等。它与"织女星"

分别处于银河两边，隔河相对。我国古代传说中，牛郎织女在每年七月七日鹊桥相会。实际上牛郎织女相距16光年，即使乘现代最强大的火箭，几百年后也不会相会。牛郎星两侧的两颗较暗的星为牛郎的两个儿子——河鼓一和河鼓三，传说这是牛郎用扁担挑着两个儿子在追赶织女呢。

 知识小百科

七夕节传说

关于七夕节有一个千古流传的美丽爱情故事，也成为我国四大民间爱情传说之一。

相传在很久以前，南阳城西牛家庄里有个聪明、忠厚的小伙子，他父母早亡，只好跟着哥哥嫂子度日。嫂子马氏为人狠毒，经常虐待他，逼他干很多的活。一年秋天，嫂子逼他去放牛，给他九头牛，却让他等有了十头牛时才能回家，牛郎无奈之下只好赶着牛出了村。

牛郎独自一人赶着牛进了山，在草深林密的山上，他坐在树下伤心，不知道何时才能赶着十头牛回家，这时，有位须发皆白的老人出现在他的面前，问他为何伤心，当得知他的遭遇后，笑着对他说："别难过，在伏牛山里有一头病倒的老牛，你去好好喂养它，等老牛病好以后，你就可以赶着它回家了。"

牛郎翻山越岭，走了很远的路，终于找到了那头有病的老牛。他看

老牛病得厉害，就给老牛打来一捆捆草，一连喂了三天，老牛吃饱了，才抬起头告诉他：自己本是天上的灰牛大仙，因触犯了天规被贬下天来，摔坏了腿，无法动弹。自己的伤需要用百花的露水洗一个月才能好，牛郎不畏辛苦，细心地照料了老牛一个月。白天为老牛采花接露水治伤，晚上依偎在老牛身边睡觉，等老牛病好后，牛郎高高兴兴赶着十头牛回了家。

回家后，嫂子对他仍旧不好，有几次还想要加害于他，都被老牛设法相救。最后嫂子恼羞成怒把牛郎赶出家门，牛郎只要了那头老牛相随。

有一天，天上的织女和诸仙女一起下凡游戏，到河里洗澡。牛郎在老牛的帮助下认识了织女，二人互生情意，后来织女便偷偷下凡，来到人间，做了牛郎的妻子。织女还把从天上带来的天蚕分给大家，并教大家养蚕，抽丝，织出又光又亮的绸缎。牛郎和织女结婚后，男耕女织，情深意重，他们生了一男一女两个孩子，一家人生活得很幸福。但是好

牛郎织女鹊桥会

景不长，这事很快便让天帝知道，王母娘娘亲自下凡来，强行把织女带回天上，恩爱夫妻被拆散。

牛郎上天无路，老牛告诉牛郎，在它死后，可以用它的皮做成鞋，穿着就可以上天。牛郎按照老牛的话做了，在老牛死了以后，将牛皮做成鞋穿在脚上，拉着自己的儿女，一起腾云驾雾上天去追织女，眼见就要追到了，岂知王母娘娘拔下头上的金簪一挥，一道波涛汹涌的天河就出现了，牛郎和织女被隔在两岸，只能相对哭泣流泪。他们的忠贞爱情感动了喜鹊，千万只喜鹊飞来，搭成鹊桥，让牛郎织女走上鹊桥相会，王母娘娘对此也无奈，只好允许两人在每年七月七日于鹊桥相会。

后来，每到农历七月初七，相传牛郎织女鹊桥相会的日子，姑娘们就会来到花前月下，抬头仰望星空，寻找银河两边的牛郎星和织女星，希望能看到他们一年一度的相会，乞求上天能让自己能象织女那样心灵手巧，祈祷自己能有如意称心的美满婚姻，七夕节由此而来。

行星家族介绍

◆ 行星简介

行星的形状大约是圆球状的，质量不够大的行星被称为小行星。太阳系内肉眼可见的5颗行星分别为水星、金星、火星、木星、土星。千百年来，人类一直在对浩瀚的星空进行着不断的探索，但直到16世纪哥白尼建立日心说后人类才普遍认识到：地球其实也是绕太阳公转的行星之一，包括地球在内的九颗行星构成了一个围绕太阳旋转的行星系——太阳

太阳系八大行星

系。行星本身一般不能发光，是以表面反射太阳光来发亮的。在主要由恒星组成的天空背景上，行星有明显的相对移动。离太阳最近的行星是水星，以下依次是金星、地球、火星、木星、土星、天王星、海王星。从行星起源于不同形态的物质方面出发，可以把八大行星分为三类：类地行星（包括水、金、地、火）、巨行星（木、土）及远日行星（天王、海王）。行星环绕着太阳的运动称为公转，行星公转的轨道具有共面性、同向性和近圆性三大特点。所谓共面性，是指八大行星的公转轨道面几乎在同一平面上；同向性，是指它们朝同一方向绕太阳公转；而近圆性是指它们的轨道和圆相当接近。

在一些行星的周围存在着围绕行星运转的物质环，由大量小块物体（如岩石、冰块等）构成，这些小物体因反射太阳光而发亮，被称为行星环。20世纪70年代之前，人们一直以为只有土星有光环，但后来相继发现天王星和木星也有光环，这也为研究太阳系的起源和演化提供了新的信息。

　　卫星是围绕行星运行的天体，比如月亮就是地球的卫星。卫星本身不能发光，它是靠反射太阳光发光。但是，除了月球以外，其他卫星的反射光都非常地微弱。不同行星的卫星在大小和质量方面是不同的，甚至差别很大，它们的运动特性也很不一致。在太阳系中，除了水星和金星以外，其它的行星各自都有数目不等的卫星环绕。

　　另外，在火星与木星之间还分布着数十万颗大小不等、形状各异的小行星，这些小行星沿着椭圆轨道绕太阳运行，这个区域被称为小行星带。除此之外，太阳系中还有数量众多的彗星，至于飘浮在行星际空间的流星体，那就更是无法计数了。

土星环

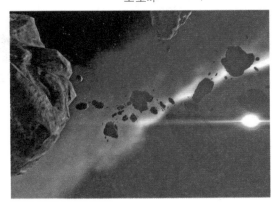

小行星带

◆　八大行星

　　现在天文学界一致规定，太阳系只有八大行星，这八大行星包括之前提到过的水星、金星、地球、火星、木星、土星、天王星和海王星。

　　水星——水星（0.4天文单

收集太阳风的阿波罗12

位）是最靠近太阳，也是最小的行星（0.055地球质量）。它没有天然的卫星，仅知的地质特征除了撞击坑外，只有大概是在早期历史与收缩期间产生的皱折山脊。水星上面，只有微不足道的大气，其中包括被太阳风轰击出的气体原子。而关于相对来说相当巨大的铁质核心和薄薄的地幔的问题目前尚无法解释。对此提出的假说很多，包括：巨大的冲击剥离了它的外壳；年轻时期的太阳能抑制了外壳的增长等

等。

金星——金星（0.7天文单位）的体积尺寸与地球相似（0.86地球质量），也和地球一样有厚厚的硅酸盐地幔包围着核心，还有浓厚的大气层和内部地质活动的证据。但和地球不同的是，它的大气密度比地球高90倍而且非常干燥，也没有天然的卫星。它是颗炙热的行星，表面温度超过400°C，这很可能是大气层中有大量的温室气体造成的。虽然没有明确的证据显示

金星的地质活动现在仍在进行中，但是没有磁场保护的大气应该会被耗尽，因此科学家普遍认为金星上的大气是通过火山的爆发而得到补充的。

地球——地球（1天文单位）是内行星中最大且密度最高的，也是唯一一个地质活动仍在持续进行中并拥有生命的行星。它也是类地行星中唯一拥有水圈和被观察到的板块结构的行星。地球的大气也与其他的行星完全不同，地球上的大气被存活在上面的生物改造成含有21%的自由氧气了。地球只有一颗卫星，即月球，月球也是类地行星中唯一的大卫星。地球绕太阳公转一圈约需365天，自转一圈约需1天。（太阳并不是总是直射赤道，因为地球围绕太阳旋转时，稍稍有些倾斜。）

火星——火星（1.5天文单位）比地球和金星都小（0.17地球质量），上面只有以二氧化碳为主的稀薄大气。在火星的表面上，例

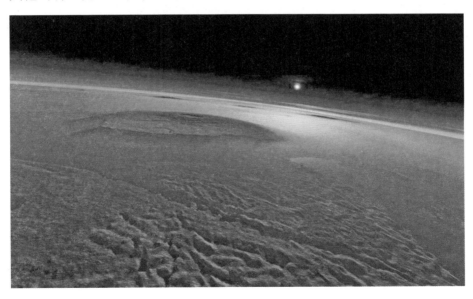

火星上的奥林匹斯山

如奥林匹斯山有密集巨大的火山，而水手号峡谷亦有深邃的地堑，这些都显示出这两个地方不久前仍有剧烈的地质活动发生过。围绕火星的还有两颗天然的小卫星——戴摩斯和福伯斯。据推测，它们可能是被火星捕获的小行星。

小行星带——小行星是太阳系小天体中最主要的成员，主要是岩石与不易挥发的物质组成。主要的

小行星带位于火星和木星轨道之间，与太阳的距离为2.3至3.3天文单位，它们被认为是在太阳系形成的过程中受到木星引力扰动而未能聚合的残余物质。小行星的尺度从大至数百公里、小至微米的都有。除了最大的谷神星之外，所有的小行星都被归类为太阳系小天体，但是其中也有几颗小行星，比如灶神星、健神星，如果它们能被证实已

木星上的大红斑

经达到流体静力平衡的状态的话，就可能会被重分类为矮行星。

小行星带拥有数万颗，甚至可能多达数百万颗直径在一公里以上的小天体。尽管如此，小行星带的总质量仍然不可能达到地球质量的千分之一。小行星主带的成员依然是稀稀落落的，所以至今还没有太空船在穿越小行星带时发生意外。

木星——木星（5.2天文单位），主要由氢和氦组成，质量是地球的318倍，也是其他行星质量总和的2.5倍。木星充足的内部热量在它的大气层内造成了一些近似永久性的特征，例如云带和大红斑。至今为止，木星周围已经被发现的卫星有63颗。其中最大的四颗分别是：甘尼米德、卡利斯多、埃欧、和欧罗巴，这四颗已经显示出了类似类地行星的特征。从体积上看，甘尼米德比水星还要大，是太阳系内最大的卫星。

土星——土星（9.5天文单位），因为有明显的环系统而著名，它与木星非常相似，如大气层的结构。土星不是很大，质量是地球的95倍，它有60颗已知的卫星，其中的泰坦和恩塞拉都斯两颗星都拥有巨大的冰火山，并且已经显

土星上的冰火山

示出地质活动的标志。泰坦比水星大，也是太阳系中唯一实际拥有大气层的卫星。

天王星——天王星（19.6天文单位）是最轻的外行星，质量是地球的14倍。它的自转轴对黄道倾斜达到90度，因此它其实是横躺着绕着太阳公转的，在所有行星中非常独特。在气体巨星中，它的核心温度最低，只辐射非常少的热量进入太空中。人们已经知道的天王星的卫星共有27颗，其中最大的几颗分别是泰坦尼亚、欧贝隆、乌姆柏里厄尔、艾瑞尔、和米兰达。

海王星——海王星（30天文单位）虽然看起来比天王星小一些，但它的密度较高，因而使其质量达到了地球的17倍。天王星虽然辐射出了较多的热量，但却远不及木星和土星多。海王星周围已知的有13颗卫星，最大的崔顿卫星仍有活跃的地质活动，有着喷发液态氮的间歇泉，它也是太阳系内唯一逆行的大卫星。在海王星的轨道上还有一些1:1轨道共振的小行星，组成了海王星特洛伊群。

冥王星——1930年美国天文学家汤博发现了冥王星，并将它定义为大行星。此后数十年来，科学家一直普遍认为太阳系有九大行星，但随着一颗比冥王星更大、更远的天体的发现，使得冥王星大行星地位的争论愈演愈烈。新的天文发现使"九大行星"的传统观念不断受到质疑。天文学家先后发现冥王星与太阳系其他行星的一些不同之处：冥王星所处的轨道在海王星之外，属于太阳系外围的柯伊伯带，这个区域一直是太阳系小行星和彗星诞生的地方；而20世纪90年代以来，天文学家发现柯伊伯带有更多围绕太阳运行的大天体，比如美国天文学家布朗发现的"2003UB313"就是一个直径和质量都超过冥王星的天体。最后，经过天文学界多年的争论以及第26届

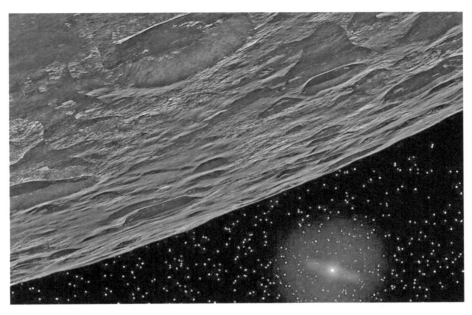

柯伊伯带

国际天文学联合会大会上数天的争吵，冥王星终于"惨遭降级"，被驱逐出了行星家族。从此之后，这个游走在太阳系边缘的天体将只能与其他一些和它差不多大的"兄弟姐妹"一道被称为"矮行星"了。

2006年8月24日，第26届国际天文学联合会大会11时通过了行星的新定义："行星"指的是围绕太阳运转、自身引力足以克服其刚体力而使天体呈圆球状、并且能够清除其轨道附近其他物体的天体。按照这个新的定义，太阳系行星将只包括水星、金星、地球、火星、木星、土星、天王星和海王星八颗行星，它们都是在1900年以前被发现的。另外，新定义还规定：同样具有足够质量、呈圆球形，但不能清除其轨道附近其他物体的天体被称为"矮行星"。这样冥王星就变成了一颗矮行星，而不再是大行星。其他围绕太阳运转但不符合上述条件的物体被统称为"太阳系小天体"。

因此，从2006年8月24日11 起，新的太阳系八大行星就分别为：金星、木星、水星、火星、土星、地球、天王星和海王星。

知识小百科

行星形成原因

究竟行星是如何形成的呢？科学家解释说，在一个恒星边上，可能吸收了比较多的宇宙灰尘聚集，拿太阳为例：太阳大约在40亿年前，就吸收了很多灰尘，灰尘之间互相碰撞后粘到了一起。长期以来，太阳周围还出现了大量的行星胚，科学家称之为星子。据科学家估计，当时至少有几十亿的星子围绕太阳运动。星子之间作用规律是：两个星子如果大小差距悬殊，并且彼此的速度不大，碰撞以后，小星子就会被大星子吸引而被吃掉，这样大的星子越来越大。如果两个星子大小差不多，彼此速度又很大，他们碰撞后就会破裂，形成许多小块，而后这些小块又陆续被大星子吃掉。这样，星子就越来越少。我们现在所说的大行星就是当时比较大的星子，而无数的小行星就是在互相吞并时期没有被吃掉的幸运儿。

卫星简要介绍

卫星是指在围绕一颗行星轨道并按闭合轨道做周期性运行的天然天体或人造天体。现在我们所说的卫星通常是指两种，即天然卫星和人造卫星。

◆ 天然卫星

天文学上所说的卫星，是指在围绕一颗行星轨道并按闭合轨道做周期性运行的天然天体。天然卫星本身不可以发光，它按照一定轨道围绕行星运转，同时跟随行星围绕恒星运转。

在太阳系里，除水星和金星外，其他行星都有各自的天然卫星。科学家已经观测到的太阳系的天然卫星总数（包括构成行星环的较大的碎块）至少有160颗。天然卫星环绕行星运转，而行星又环绕着恒星运转。比如在太阳系中，太阳是恒星，地球及其它行星都环绕太阳运转，月亮、土卫一、天卫一等星球则环绕着我们地球及其它行星运转，这些星球就

木卫四

叫做行星的天然卫星。太阳系中木星的天然卫星数量占第二，其中17颗已得到确认，至少还有6颗尚待证实。天然卫星的大小不一，彼此差别很大。其中一些直径只有几千米大，例如，火星的两个小月亮，还有木星，土星以及天王星外围的一些小卫星。但有几个却比水星还大，例如土卫六、木卫三和木卫四，它们的直径都超过5200千米。在所有的卫星中，月球（即月亮）是最重要也是人类探测研究得最多的卫星，我们这里主要介绍一下月球的相关知识。

（1）月球简介。月球对于地球人类而言，是一个既熟悉又陌生的天体，它是距离人类的地球家园最近的天体，同时也是地球惟一的一个天然卫星。人类从诞生之日起就开始了对月亮的观测，早期人们只能利用肉眼观测，只能对月球进行最大程度上的推理性的粗浅认识。到了17世纪，望远镜的出现，得使人们能对月球进行较以往更为细致的观察，从而做出比较详细而科学性的描述。20世纪50年代末期，航天技术日益发展，人类开始进行真正意义上的对月球近距离的探测，后来甚至登上了月球进行实地勘测，由宇航员采集月球样品返回地球并对此开展系统的研究。从此，人类对月球的认识和理解产生了质的飞跃。

根据科学家们的研究资料显示：月球，俗称"月亮"，它围绕地球转动，同时跟随地球一起绕太阳公转。月球与地球之间的距离是不断变化的，平均距离为384 000千米，最近为363 300千米，最远时达405 500千米。月球赤道面与轨道面倾角6.68°，偏心率0.0549，月球轨道面与地球赤道面交角约5°。月球自转周期与绕地球公转的周期相同（同步自转），故它总是以同一半球面向地球。它绕地球公转的周期为27.322天，即

月　海

27天7小时43分11.5秒，为一个恒星月。

　　月球的平均直径为3476千米，相当于地球直径的27%；质量为7.35×1025千克，约为地球质量的1/81；表面积约为3800万平方千米，是地球表面积的1/14，相当于地球上整个非洲的面积；体积约为地球体积的1/49；平均密度3.34克/厘米3，比地球的平均密度（5.52克/厘米3）小得多；月球的重力加速度只有地球的1/6；月球上的重力场分布并不均匀，月球上特别是月海盆地内有明显重力异常区（称为质聚体或质量瘤）。月球的逃逸速度只有2.38千米/秒，比地球的逃逸速度（11.2千米/秒）小得多，因此从月球上向太空发射航天器要

117

比从地球上发射航天器所消耗的能量小得多；月球没有全球性的偶极磁场，但研究表明，早期的月球也曾经有过偶极磁场，只是目前月球磁场消失的原因还有待于进一步探索。

月球表面几乎没有大气，因而各种太阳辐射可直接辐照到月球表面，导致月球表面的昼夜温差很大。月球表面白天的最高温度可达127℃，夜晚则可降至-183℃，温差竟达310℃，因而月球是个干燥、无生命的世界。月球内部的结构可以分为月壳、月幔和月核三个

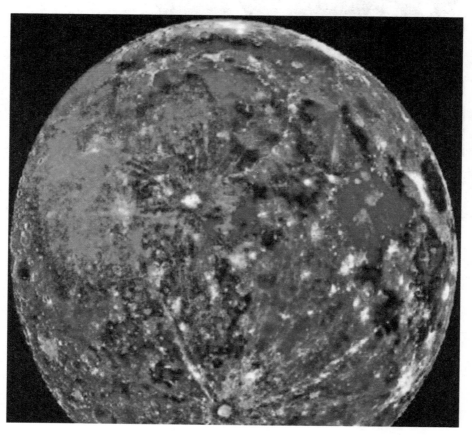

红色的月陆和蓝色的月海

层次。月球的一级构造单元是月陆（又称月球高地）和月海。1609年，伽利略首先用望远镜观测月球，他把月球表面的暗区称作"月海"，亮区称作"月陆"。实际上，"月陆"是古老的斜长岩高地；"月海"是外来小天体撞击的盆地，而后由下面涌出来的岩浆填充，并凝结为暗色玄武岩。

根据科学家对月震、电导、磁性及质量瘤等的相关研究，月球内部的构造大致分为：①表层（0～2千米），是由斜长岩、月海玄武岩、非月海玄武岩等月表岩石的角砾、碎块与粉尘组成的月壤层。②上月壳（2～25千米），由月海玄武岩与非月海玄武岩组成。③下月壳（25～65千米），富含斜长石的辉长岩、富铝玄武岩、斜长苏长岩等。④上月幔和下月幔（65～1000千米），由基性岩、超基性岩（橄榄岩、辉长岩、榴辉岩）组成。⑤月核（大于1000千米），由Fe-Ni-S及榴辉岩物质组成。

（2）神奇的月相。古语有云"人有旦夕祸福，月有阴晴圆缺"，这句里面所说的"月有阴晴圆缺"指的就是月相。月相是天文学中对地球上看到的月球被太阳所照亮部分的称呼。从地球上观察，月球是天空中除太阳之外第二明亮的星体，但实际上月球本身并不会发光，要靠反射太阳光才可以发光。月球迎着太阳的半个球面是亮的，背着太阳的半个球就是暗的。因日、地、月三者的相对位置随着月球绕地球的运行而不断变化，我们在地球上看月球的角度不一样了，月球就有了各种各样的圆缺形状，即月相的更替，这也就是所谓的"月有阴晴圆缺"，这就是月相的来源。所以我们在地球上所看到的月亮其实就是月球表面反射太阳光的部分。月相不是由于地球遮住太阳所造成的（这是月蚀），而是由于我们只能看到月球上被阳光照

月相变化图

弯镰刀状的新月，凸面向着落日的方向。以后月球相对于太阳逐渐东移，亮的部分日益扩展。五六天以后就变成了半圆形，这时的月相被称为"上弦"，日落时月球在天子午线附近。再经过7天，便到了"望"（满月），此时月球与太阳遥遥相望，我们看到的是一轮明月于傍晚东升，在晨曦中西落，将黑夜照耀得如同白昼一般。满月以后，圆轮的西边部分日益亏缺。到"下弦"时，便呈半圆形状，月球要到半夜才升起。但上弦月是西边半个圆被照亮，而下弦月是东边半个圆被照亮。到了下弦以后，半圆继续亏缺，成为黎明前挂在东方天空的一丝残月。月球愈来愈接近太

射的那一半的某一部分，看不到的阴影部分就是月球本身没被阳光照到的阴暗面。

月球的位置不断变化，当月球位于日、地之间时就叫做"朔"，此时月球暗的半个球朝向地球，我们看不到它。在朔之后的一两天，傍晚西方的天空中会升起一

阳，等到它终于跑到和太阳相同的方向时，朔就到了。

人们称月相变化的周期为"朔望月"。"朔望月"并不等于恒星月，它比恒星月长一些，为29天12小时44分2.78秒，原因在于月球不仅绕地球运动，而且还陪伴着地球围绕太阳运行。因此，月球绕地球转动的真正周期是恒星月而非朔望

月。人们还根据月相的变化规律编写了一首郎朗上口的月相变化歌：

初一新月不可见，只缘身陷日地中。初七初八上弦月，半轮圆月面朝西。

满月出在十五六，地球一肩挑日月。二十二三下弦月，月面朝东下半夜。

在朔和上弦之间的"月牙"被

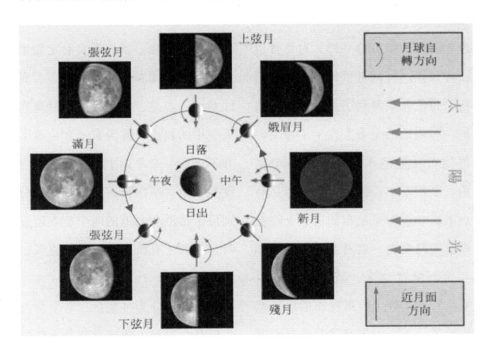

月相变化规律

称为新月，在望和下弦之间的"月牙"则被称为残月。还有一个方便记忆的口诀：上上上西西、下下下东东。意思是：上弦月出现在农历月的上半月的上半夜，月面朝西，位于西半天空；下弦月出现在农历月的下半月的下半夜，月面朝东，位于东半天空。

（3）月食产生原因。古时候，人们不懂得月食发生的科学道理，就像害怕日食一样，对月食也心怀恐惧。外国有个传说，16世纪初，哥伦布航海到了南美洲的牙买加，与当地的土著人发生了冲突。哥伦布和他的水手被困在一个墙角，断粮断水，情况十分危急。懂点天文知识的哥伦布知道当天晚上要发生月全食，就对土著人大喊，"再不拿食物来，就不给你们月光！"到了晚上，哥伦布的话果然应验了，天空中没有了月光。土著人见状诚惶诚恐，便赶紧和哥伦布化解了争端。

月食是一种特殊的天文现象，是指当月球运行至地球的阴影部分时，在月球和地球之间的地区会因为太阳光被地球所遮闭，导致月球看起来好像缺失了一块。也就是说，此时的太阳、地球和月球恰好（或几乎）在同一条直线上，因此从太阳照射到月球上的光线就会被地球所掩盖。对地球而言，当月食发生的时候，太阳和月球的方向会相差 180 度，所以月食必定发生在"望"（即农历15日前后）。要注意的一点是，由于太阳和月球在天空中的轨道（称为黄道和白道）并不在同一个平面上，而是有约 5 度的交角，所以只有太阳和月球分别位于黄道和白道的两个交点附近时，三者才有机会连成一条直线，产生月食。

月食可分为月偏食、月全食及半影月食三种。地球在背着太阳的方向会出现一条阴影，称为地影，地影又分为本影和半影两部分。

本影是指没有受到太阳光直射的地方，而半影则只受到部分太阳直射的光线。月球在环绕地球运行过程中有时会进入地影，这就是月食现象产生的原因。当月球只有部分进入地球的本影时，就会出现月偏食，而当整个月球进入地球的本影之时，就会出现月全食。月全食和月偏食都是本影月食。如果月球未进入本影而是进入半影区域，太阳的光也可以被遮掩掉一些，月亮略为转暗，但它的边缘并不会被地球的影子所阻挡，这种现象在天文上称为半影月食。由于在半影区阳光仍十分强烈，月面的光度只是极轻微减弱，多数情况下半影月食不容易用肉眼分辨，一般情况下并不易被人发现，故不称为月食。所以月食只有月全食和月偏食两种。另外由于地球的本影又比月

月偏食

月全食

球大得多，这也意味著在发生月全食时，月球会完全进入地球的本影区内，所以不会出现月环蚀这种现象。

一般情况下，月食每年发生的次数为2次，最多3次，有时一年

连一次也不会出现。因为在一般情况下，月亮不是从地球本影的上方通过，就是从下方离去，很少穿过或部分通过地球本影，所以一般情况下就不会发生月食。另据观测资料统计，每个世纪半影月食，月偏食、月全食所发生的百分比分别约为36.60％、34.46％和28.94％。

但有一点要指出的是，在月全食时，月球并不是完全看不见的，这是由于月全食时有一部分太阳光在通过地球的稀薄大气层时会受到折射而进入本影，投射到月面上，使月面呈红铜色。根据月球经过本影的路径及当时地球的大气情况的不同，在不同的月全食时月球表面的光度会有所不同，能见度也就不同。

◆ 人造卫星

现代制造出来的人造卫星是由人类建造，以太空飞行载具如火箭、航天飞机等发射到太空中，像天然卫星

前苏联人造地球卫星1号

一样环绕地球或其它行星的装置。人造卫星一般亦可称为卫星。

随着现代科技的发展，人类不断研制出各种人造卫星，这些人造卫星和天然卫星一样，也绕着行星（大部分是地球）运转。人造卫星的概念可能始于1870年，而世界上第一颗被正式送入轨道的人造卫星是前苏联1957年发射的人造卫星1号。从那时起，已先后有数千颗人造卫星环绕地球飞行，还有些人造卫星被发射到环绕金星、火星和月亮的轨道上，而其中一半以上属于世界上唯一的超级大国美国，它所拥有的卫星数量已经超过了其他所有国家拥有数量的总和，达413颗，军用卫星更是达到了四分之一以上。人类发射人造卫星的目的是将其用于科学研究，用它来探知人类不可能得到的信息。而且人造卫星在近代通讯、天气预报、地球资源探测和军事侦察等方面也已成为一种不可或缺的工具。

由于各国的科技发展水平的不同步性，他们制造发射人造卫星的时间也有先有后，下面我们就按照人造卫星的发射时间的先后顺序来介绍一下世界各国发射的首颗人造卫星情况：

前苏联：1957年10月4日，世界上第一颗人造地球卫星在前苏联成功发射。这颗卫星在离地面900公里的高空运行，每绕地球转一整周所需要的时间是1小时35分钟，它的运行轨道和赤道平面之间形成65度的倾斜角。它是一个球形体，直径58厘米，重83.6公斤，内装两部不断放射无线电信号的无线电发报机，其频率分别为20.005和40.002兆赫（波长分别为15和7.5米左右）。信号采用电报讯号的形式，每个信号持续时间约0.3秒，间歇时间与此相同。前苏联第一颗人造地球卫星的发射成功，揭开了人类向太空进军的序幕，大大激发了世界各国研制和发射卫星的热情。

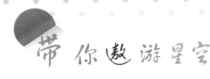

美国：美国于1958年1月31日成功发射了第一颗"探险者"－1号人造卫星。该星重8.22公斤，锥顶呈圆柱形，高203.2厘米，直径15.2厘米，沿近地点360.4公里、远地点2531公里的椭圆轨道绕地球运行，轨道倾角33.34°，运行周期114.8分钟。

法国：法国于1965年11月26日用"钻石"tA号三级运载火箭成功地发射了第一颗"试验卫星"－1（A–1）号人造卫星。该卫星重约42公斤，运行周期108.61分钟，近地点526.24公里、远地点1808.85公里的椭圆轨道运行，轨道倾角34.24°。"钻石"tA号三级运载火箭全长18.7米，直径1.4米，起飞重量约18吨。

日本：日本于1970年2月11日成功地发射了第一颗人造卫星"大隅"号。该卫星重约9.4公斤，轨道倾角31.07°，近地点339公里，远地点5138公里，运行周期为144.2分钟。发射"大隅"号人造卫星的运载火箭为"兰达"－45四级固体火箭，火箭全长16.5米，直径0.74米，起飞重量9.4吨。第一级由主发动机和两个助推器组成，推力分别为37吨和26吨；第二级推力为11.8吨；第三、四级推力分别为6.5吨和1吨。

中国：1970年4月24日，我国用"长征一号"运载火箭将自行设计、制造的第一颗人造地球卫星"东方红"1号成功发射进入太空，此次发射一次成功。该卫星直径约1米，重173公斤，运行轨道距地球最近点439公里，最远点2384公里，其轨道平面和地球赤道平面的夹角68.5度，绕地球一周（运行周期）为114分钟。卫星用20009兆周的频率，播送《东方红》乐曲。发射"东方红"1号卫星的"长征一号"号三级运载火箭全长29.45米，直径2.25米，起飞重量81.6吨，发射推力112吨。"东方红"1

东方红一号

号的发射成功，实现了毛泽东提出的"我们也要搞人造卫星"的号召，是中国的科学之星，是中国工人阶级、解放军、知识分子共同为祖国做出的杰出贡献。

英国：英国于1971年10月28日成功发射了第一颗人造卫星"普罗斯帕罗"号。该星重约66公斤，轨道倾角82.1°，近地点537千米，远地点1482千米，运行周期为105.6分钟，发射地点位于澳大利亚的武默拉火箭发射场，运载火箭为英国的黑箭运载火箭。该卫星的主要任务是试验各种技术新发明，例如试验一种新的遥测系统和太阳能电池组等。它还携带有微流星探测器，用以测量地球上层大气中这种宇宙尘高速粒子的密度。

人造卫星可以到达人类无法到达的地方，执行很多对人类来说根本无法完成的工作，它们在太空中

火箭发射场

日复一日，年复一年地工作着，为　　贡献。

人类的天文研究事业做出了巨大的

知识小百科

国外月亮神的传说

日本：唯美的"辉夜姬"。"月亮女神"是日本绕月探测卫星的英

文名称的意译。它在日本还有一个昵称——"辉夜"。这个名字取自于日本家喻户晓的民间传说中美丽的月亮公主"辉夜姬"。"辉夜姬"是日本一个古老传说《竹取物语》中的主人公，是在月亮上诞生，尔后落入凡间的美貌女孩。传说很久以前，一位伐竹子的老翁在竹子芯里发现了一个可爱女孩，便把她带

日本月亮女神辉夜姬

回家去抚养。3个月后女孩就长成了一个妙龄少女，美貌举世无双，取名"辉夜姬"。世间的男子都梦想娶"辉夜姬"做自己的妻子，许多公子王孙终日在老翁家周围徘徊。后来，"辉夜姬"提出她要嫁给一个能找到她非常喜爱但却难以获得的宝物的人，使所有求婚者都未能如愿。最后登场的皇帝想凭借权势强娶"辉夜姬"也以失败告终。"辉夜姬"在中秋之夜迎来月宫使者，回到了她本该属于的月球。对日本人来说，"辉夜姬"是他们从孩童时代就熟识的人物形象。沉静、机智、蔑视权贵的月亮公主告诉孩童们什么是美、丑、虚幻和永生。

美国：复仇的"阿波罗"。"阿波罗"是美国登月计划的名称，起

带你漫游星空

源于古希腊神话。在古代传说中，太阳神阿波罗是宙斯与黑暗女神勒托的儿子，是月亮女神阿耳忒弥斯的胞弟。阿波罗掌管光明、诗歌和音乐。据希腊神话记载，勒托被天后赫拉驱赶得四处流浪。最后海神波塞冬怜悯她，并从海中捞起提落岛让她居住。在岛上，她生了孪生姐弟阿耳忒弥斯和阿波罗。后来，阿波罗用金箭杀死了曾经迫害其母的巨蟒，替母亲报仇雪恨。

在美苏20世纪的太空竞赛中，美国曾一度处于劣势。为扭转这一局面，美国提出了"阿波罗"登月计划。1961年苏联宇航员加加林首次进入太空，肯尼迪总统得知后愤愤地说："这是继苏联第一颗人造地球卫

阿波罗登月

星上天之后，对美国民族而言的又一次奇耻大辱！"为了迎接挑战，美国人下定决心要不惜一切代价重振科技雄风。美国政府选用太阳神阿波罗来命名这个登月计划，可谓意味深长。

欧洲："智能"不需要神话。欧洲航天局于2003年9月28日将智能1号月球探测器发射升空，踏上了奔月征程。经过13个月的飞行后，它终于进入环绕月球轨道，从而揭开了欧洲探月计划的序幕。欧洲的月亮文化也深受古希腊神话的影响。传说中的月亮女神阿耳忒弥斯是希腊奥林帕斯十二主神之一，她与人间的一个男子相爱，为了避免其他神反对，她把这个男子藏在了一个山洞里。而后她怕被其他女人知道这个男子，便又让这个男子长睡不醒，以此来满足自己对永恒的爱的渴望。因而，在欧洲人眼中，月亮代表"永远占有"，这也体现了西方人生观的一方面——自私、索取。明白了月亮的这一寓意，人们也就可以理解为什么欧洲没有像美国那样把月亮神的名字放在探月计划中了。

印度：月亮神是男儿身。印度将其探月探测器名为"chandrayan（意为月亮车）"。在印度，"月亮之神"被称为chandra，意思是"明亮和耀眼"。印度学者认为：月亮之神其实是个男性，他有四只手，一只手拿着权杖，一只手拿着长生不老的仙露，第三只手拿着莲花，剩下一只手则处于防御状态，他驾驭着一辆由羚羊或十匹白得像茉莉花的马拉动的三轮战车。在传说中，月亮之神在他的原配妻子外又娶了另一个神的27个女儿，代表着月亮的27天环绕周期。他对原配妻子的宠爱引起其他妻子的嫉妒，她们向父亲抱怨，父亲就让女婿染上麻风病。27个妻子又觉得丈夫可怜，再向父亲求情。父亲不能消除诅咒，但可以减轻痛苦。所以月亮逐渐由银白色变成灰色，继而消失，随后又会恢复银白

chandrayan-1

色，形成阴晴圆缺。

　　与西方人不同的是，西方人使用太阳历，而印度人则使用月亮历。印度人庆祝生日不以自己的出生日期为准，而是以出生当月月亮的形态来判断。明亮的月亮被认为是最好的，暗淡的月亮被视为是邪恶的。印度人认为，如果孩子在满月出生，这个孩子将拥有友情、金钱、权力和名望，受人尊敬。连印度人祈祷时都说："月亮会保佑我们一生平安！"

　　俄罗斯：月亮神爱吵架。在俄罗斯的民间传说中，太阳和月亮被拟人成夫妻关系，其中月亮神被比作男性。俄罗斯的月亮神故事中这样叙述道：每年冬天来临的时候，大地被皑皑白雪覆盖，了无生趣。这时月亮神不得不和自己的爱人——太阳神分开，相约来年夏天再见。两人从此各奔东西，彼此毫无音讯。而每到伊万诺夫日（6月24日或者7月7日），万物复苏的时候，太阳神便精心梳妆打扮一番，穿上节日彩裙，戴上盾形头饰，去与久别的月亮神相会，一路上边走边唱，并将耀眼光芒洒向大地。月亮神与太阳神相见后，互诉离别之苦，彼此恩爱，天空也是艳阳高照。然而随着一天天过去，夫妻两人之间经常发生争吵，天空也因此乌云密布，电闪雷鸣。争吵激烈时，地球上会发生地震和海啸。在俄罗斯人心中，月亮神自尊心强、天生好斗，每次与太阳神发生争吵也都应该是月亮神的错。

星座故事集锦

星座是指天上一群群的恒星组合。在三维的宇宙中，这些恒星其实相互间并没有什么实际关系，但自古以来，人们对于这些恒星的排列和形状很感兴趣，并且很自然地把一些位置相近的恒星联系起来，便构成了星座。星座在天文学中占有很重要的位置，虽然民间的占星术也假借黄道十二星座的形象，但天文学家都把占星术视为没有使用真正科学方法的伪科学。

基本上，将恒星组成星座只是一个随意的过程，在不同的文明中星座也是由不同恒星组成的，但部分由较显眼的星所组成的星座即使在不同文明中也是大致相同的，比如猎户座及天蝎座。为了认星方便，人们便按照空中恒星的自然分

猎户座

亮星，形成各种图形。再根据其各自的形状特点，分别以近似的动物、器物或神话人物命名，如天鹅座、仙女座等。然后对每个星座中的恒星，按其亮度大小，依次以小写希腊字母编排，如大熊座α星、大熊座β星等。

其实，星座就是投影在天球上一块区域的天体空间的总合，因此，说某某星座在银河系以内或以外都是不准确的说法。

布情况将天空中的恒星划分成若干大小不一的区域，每个区域叫一个星座。国际天文学联合会用精确的边界把天空分成了八十八个正式的星座，使天空中能见的每一颗恒星都属于某一特定星座，这些正式的星座大多都是根据中世纪传下来的古希腊传统星座为基础的。

人们用线条连接同一星座内的

◆ 北斗七星——大熊座

在中国古代，人们把大熊星座中的七颗亮星看做一个勺子的形状，这就是我们常说的北斗七星。看起来 η、ζ、ε 三颗星是勺把儿，而 α、β、γ、δ 四颗星组成了勺体。中国古代天文学家将从勺柄数起的第二颗，也就是那颗 ζ 星，称为开阳星。如果仔细观察的

北斗七星

话，你会发现开阳星旁边不远的地方还有一颗暗星，这颗暗星叫大熊座80号星。古人看它总跟在离开阳星很近的地方，就象是开阳星的卫士，就把它叫做辅。开阳星和辅构成了一对双星。

在中国，人们通常把大熊座星图中的这些星想象成一头熊的形象，但根据实际观测情况来看，在观看大熊座时，勺子的形状比熊的形象更容易被看出来。这个大勺子一年四季都在天上，不同季节的勺把指向还会变化呢，而且恰好是一季指一个方向，古人曾经这样描述这种变化："斗柄东指，天下皆春；斗柄南指，天下皆夏；斗柄西指，天下皆秋；斗柄北指，天下皆冬。"由于远古时代没有日历，这种方法便成为人们估测四季的主要手段。当然，由于地球的自转，必

年画《文曲星下凡》

须是晚上八点多才能看到这一现象。

在满天星座中，大熊座无疑是北方天空中最醒目、最重要的星座，古今中外的天文学家都很重视它。在中国，人们常常会说"满天星斗"，由此可见中国人简直把北斗做为天上众星的代名词了。中国古代天文学家还为北斗七星的每一颗都专门起了名字，而且还特别把斗身的 α、β、γ、δ 四颗星称做"魁"。魁就是我国古代传说故事中的文曲星，在古代它是主管考试的天神，因而在我国古代的神话传说中可以找到很多关于文曲星的故事。在科举时代，参加科举考试是贫寒人家子弟出人头地的唯一办法。所以每逢大考，不知有多少举子都在仰望北斗，默默祷告呢！

虽然星座身处浩瀚的宇宙星空，地球人都可以看到，但在地球上不同纬度的地区所能看到的星座是不一样的。在北纬40°以上的地区，也就是北京和希腊以北的地方，一年四季都可以见到大熊座。但春天的时候大熊座正位于北天的高空，所以春季是四季中观看大熊座的最好时节。

◆ **小熊座与北极星**

小熊座不是一个明亮的星座，但是由于构成它的星星中有北极星（Polaris，小熊座 α），因此而闻名世界。它是小熊星座中主要的星星，是"小熊"的尾巴尖。它是一颗距离我们600光年远的黄超巨星，是一个变星，它的星等从2.1到2.2呈

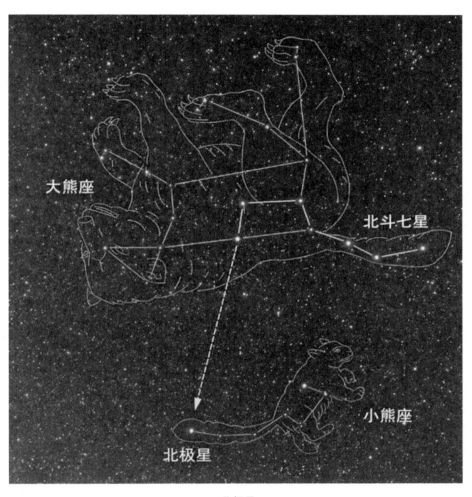

北极星

现周期性变化，4天为一周期。北极星还有一颗伴星，该伴星大概是9等。

从大熊座北斗斗口的两颗星β和α引一条直线，一直延长到距离它们五倍远的地方，有一颗不是很亮的星，这就是小熊座α星，也就是著名的北极星。一年四季，不管北斗的勺柄指向何方，β、α两星之间的连线总是伸向北极星。所以，我国古代也把这两颗星称作指极星。将小熊座的星图中的主要亮星连接起来的话，与其说构成了一只小熊的形象，倒不如说是个小北斗的形状。小熊座的这个"北斗"不但比大熊座的北斗小很多，而且七颗星中除了α、β是2等星，γ是3等星以外，其它几颗都小于4等；不像大熊座的北斗除了δ是3等星以外，其它六颗都是2等星。所以，这个小北斗远不像北斗七星那么引人注目，人们平时注意到的只有一颗北极星。人们通过观察发现，地球的自转轴在天空中的位置是很稳定的，于是就把地球自转轴在空中所指的两个方向定为南和北。北极星恰恰处于地球自转轴所指的北方，所以古时人们在大海中航行，在沙漠、森林、旷野上跋涉，总是求助于它来指示方向。由于北极星所具有的巨大作用，人们非常景仰它，我国古时甚至将它视为帝王的象征。即使是在科技高度发达的今天，北极星在天文测量、定位等许多方面仍然有着非常重要而且广泛的应用。

其实，虽然名字叫北极星，但它并不是正好处于北极点上，它和北极点还有1°的距离，只不过因为没有别的星星比它更接近北极点了，所以它就近似地被人们视为北极点。如果我们站在地球的北极，这时北极星就在我们头顶的正上方。在北半球其它地方，人们看到的北极星永远都在正北方的那个位置上不动。而且，由于地球的自转和公转，北天的星座看上去每天、每年都在绕北极星转圈。尤其是北斗星，勺口永远指向北极星，并绕着它旋转，不知倦怠，永不停歇。我国古人对此大有感触，并在《易经》中写下了"天行健，君子自强不息"这样意味深长的话来勉励人们。

◆ **丰收女神——室女座**

室女座是黄道星座之一，每年春季太阳落山不久，它就会出现在东方的地平线上，并在春夏两季的夜空中一直绽放着璀璨的光芒。在全天88个星座中，室女座是仅次于长蛇座的大星座，它的位置很重要，因为黄道和天赤道的交点之一的秋分点就在室女座中。也就是说，黄道和天赤道都穿过室女座。

室女座的名称是从古代传下来的，拉丁名称为Virgo，它的词意是处女、贞女，缩写为Vir。室女有时被想象为丰收女神（古巴比伦和亚述的神话中的伊斯塔、或古希腊神话中的珀耳塞福涅、或德墨特尔），比如在古代星图上室女被画成一位长着双翅正在收割麦子的女

室女座

神，她一手拿着一束麦穗，一手拿着镰刀；有时也被认为是主持正义的女神，这时她旁边的天秤座就被认为是她称量人的善恶的天秤。

室女座中最显眼的星就是角宿一，这颗蓝白色的星是全天最亮的20颗恒星之一。它代表着女神手执的麦穗，它可以帮助人们寻找室女座及其他星座，比如：

春季大弧线——顺着北斗斗柄的弧度向南可到达牧夫座大角星，再往南就是角宿一、乌鸦座；

春季大三角——由角宿一、大角及狮子座的五帝座一所组成的等边三角形；

春季大钻石——春季大三角再加上猎犬座的常陈一构成一个四边形钻石。

◆ "春季大三角"——狮子座

狮子座的五帝座一（β星）、牧夫座的大角以及室女座的角宿一，组成了春季星空里很著名的"春季大三角"。在春夜，通过春季大三角找到了狮子座β星（即五帝坐一）后，它东边的一大片星就都是狮子座的了。在狮子座中，由δ、θ、β三颗星构成一个很显著的三角形，这是狮子的后身和尾巴；从ε到α这六颗星组成了一个镰刀的形状，又象个反写的问号，这是狮子的头，连接大熊座的指极星（即勺口的两颗星）向与北极星相反的方向延伸，就可以找到它。

α星在我国叫轩辕十四，它的视星等为1.35米，位于狮子座心脏的部位，也就是那个反写的问号的一点。它是狮子座所有星中最亮的一颗，也是全天第二十一亮星。它和大角、角宿一组成了一个等腰三角形，延长大熊座δ和γ星到十倍远的地方可以找到它。古代航海者经常用它来确定航船在大海中的位置，所以狮子座α星又被授予"航海九星之一"的称号。狮子座的轩辕十四就位于黄道附近，它和同样

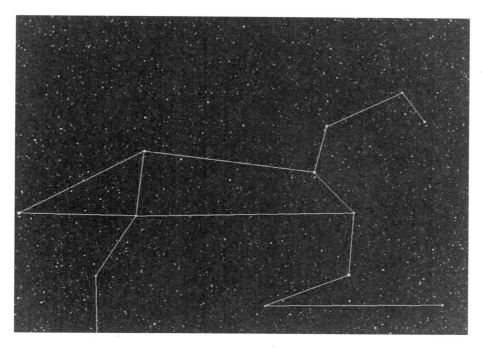

狮子座

处在黄道附近的金牛座毕宿五、天蝎座的心宿二和南鱼座的北落师门共四颗亮星，在天球上各相差大约90°，正好每个季节一颗，它们又被合称为黄道带的"四大天王"。

每年11月中旬，尤其是14、15两日的夜晚，在狮子座反写问号的ζ星附近，会有大量的流星出现，这就是著名的狮子座流星雨，大约每33年出现一次极盛。早在公元931年，中国五代时期就已有记录描述它极盛时的情景。而到了1833年的极盛时，每小时已有多达上万颗流星，以致据说在流星雨的第二天晚上就有位农夫赶紧跑到屋外，看看天上的星是不是都掉光了。狮子座流星雨在1866年还很盛，但1899年时却少多了，到1932年和1965年时只看到了不多的几颗。直到1998和1999年的时候，狮子座流星雨才再展雄姿，又出现了壮观的极盛期。2009年11月18日5时40分，狮子座流星雨大爆发光临地球，每小时达300颗左右的流星划过夜空。

◆ "孤独者"——长蛇座

长蛇座虽然很长，却没有耀眼的光芒。长蛇座内除了一颗红色的二等亮星（即长蛇α星，中国叫"星缩一"）以外，其余的星光芒都很暗淡，因此在满天星座中，长蛇座并不太引人注目。在巨蟹座以南，狮子座α星轩辕十四的右下方，有5颗三等星和四等星组成一个小圆圈，这就是长蛇抬起的头部；而位于轩辕十四西南面的星宿一，相当于长蛇的心脏。由于星宿一的四周没有其他亮星，因此阿拉伯人称它为"孤独者"。星座中其他的暗星，则弯弯曲曲排成一长列。

在观测长蛇座时，我们还会发现，这条"蛇"的背上似乎扛着一个沉重的大钵，而这个"钵"就是巨爵座；在"蛇"的尾部还有一只乌鸦（乌鸦座），看起来好像正在不断地啄着这条"蛇"，人们猜想或许它的亲人曾惨遭过长蛇的毒害，此刻在报仇吧。

长蛇座是全天88个星座中最长、面积最大的星座。在春季的夜空中，它蜿蜒于巨蟹、狮子、室女、天秤等星座以南，横跨全天四分之一。星宿一比轩辕十四迟半小时在东方升起，又比轩辕十四早两个半小时西沉消失。星宿一和许多

长蛇座

暗星组成的轮廓象征长蛇的躯体，向东南回游于狮子座和室女座的下方，尾部抵达天秤座。

◆ **人马座——"射手座"**

人马座也是黄道星座，它在黄道星座中也被称为"射手座"，夏夜从天鹰座的牛郎星沿着银河向南就可以找到它。古希腊人把它想象为张弓搭箭的马人喀戎，箭头正指向西面的那只大蝎子（天蝎座）。这个星座中的 μ、λ、φ、σ、τ、ζ 六颗星也组成了一个勺子的形状，勺子最前端的 ζ 和 τ 两颗星的连线指向牛郎星。

我国古代把这六颗星称为"南斗"，"北斗七星南斗六"历来是看星家的口诀。不过南斗六星只有一颗2米星，其它都是3、4米的暗星，所以这把"勺子"远不如北斗

射手座

七星那么一目了然。我国古代还把人马座这一区域的星分成两部分，南斗六星是斗宿，喀戎弓箭下边的星属箕宿。斗是量米用的，箕是扬粮食用的，这两样都是农具，所以常常并称。

因为人马座正对着银心方向，所以这部分银河是最宽最亮的，它里面的星团和星云也特别多。在南斗 σ 和 λ 两星连线向西延长一倍的地方，可以看到一小团云雾样的东西，这其实是个星云。从望远镜里看，这个星云是由三块红色的光斑组成的，十分好看，被称为"三叶星云"。人马座里的星云还有不少，比如在南斗斗柄 μ 星的北面有个星云很像马蹄的形状，因此被称为"马蹄星云"。

◆ 天鹰座

在银河东岸有一颗与织女星遥遥相对的亮星，这颗亮星比织女星稍微暗一点儿，它就是天鹰座 α

星，即牛郎星。古希腊人把天鹰座的星图它想象为一只在夜空中展翅翱翔的苍鹰，而牛郎星就是鹰的心。

古希腊神话中有一个有关天鹰座的传说：天神之王宙斯的女儿赫珀嫁给大英雄海格立斯后，给神宴斟酒添水的差事需要一个接替的人，于是宙斯便化身一只鹰飞到大地上，抓来了一个叫革尼美德的美少年充当神宴的待者。而宙斯的化身天鹰就被宙斯留在了天上，成为了天鹰座。

牛郎星的视星等为 0.77m，是全天第十二亮星，它和天鹰座 β、γ 星的连线正指向织女星。我国古代传说中把 β、γ 星看做是牛郎用扁担挑着的两个孩子，他们正在奋力追赶织女时，狠心的王母娘娘拔下头上的金簪迎空一划，瞬时一条天河从天而降，硬是将这一对爱人永远分隔河两边了。传说后来他们的遭遇感动了王母，王母就允许俩人在每年的七月初七见一次面。每到那天，天下的喜鹊都来到银河边，搭起一座鹊桥，让夫妻俩渡河相会。

当然，这不过是人们的美好愿望罢了。牛郎星和织女星相距达16光年之遥，就算没有银河阻隔，俩人要想见上一面，也只能是在梦中了！只是每年的七月初七，半个月亮正漂在银河附近，月光使我们看不见银河，古人便以为这时天河消逝，牛郎织女于此时相见了。

天鹰座

◆ 会"织布"的天琴座

夏夜观察星空，在银河的西岸有一颗十分明亮的星，它和周围的一些小星一起就组成了天琴座。别看这个星座不大，它在天文学上的位置却非常重要，在很多国家都流传着关于它的动人传说。

在古希腊，人们把天琴座想象为一把七弦宝琴，这便是太阳神阿波罗送给俄耳甫斯的那个令无数人心醉神迷的金琴。直到今天，每当人们仰望它时，仿佛仍是有几曲仙乐从天际缓缓流淌下来。在我国古代则把天琴座中最亮的那颗α星叫做织女星，这个典故来源于在我国尽人皆知的"牛郎织女"神话。而在织女星旁边由四颗暗星组成的小小菱形传说就是织女织布用的梭子，所以人们又称天琴座为会"织布"的星座。

织女星的视星等为0.05米，是

带 你 遨 游 星 空

天琴座

全天第五亮星，离我们26光年远，是第一颗被天文学家准确测定距离的恒星。由于岁差，北极星总是轮流值班的，所以再过12000年，织女星就会成为那时的北极星了。到时候，天琴座肯定比现在要重要的多。

◆ 天鹅座

　　天鹅座完全沉浸在白茫茫的银河之中，与银河两岸的天鹰座和天琴座呈三足鼎立之势，这三个星座的三颗主星组成了一个大的三角形

（夏天的大三角）。天鹅座位于赤经20时30分，赤纬44°，面积804平方度，座内有191颗目视星等亮于6等的星，其中亮于4等的星有22颗之多。所以，在夏天的夜空中，虽然银河象轻纱，繁星密布，但是天鹅座并不难寻找，在银河之中它仍然很显眼。

　　天鹅座α星是一颗白色的一等星，距离我们1500光年，它是一颗超巨星，实际上放射着比太阳还要强烈5000倍的光。并且在这颗星的周围，有以每秒100公里的速度膨

胀的气体云所形成的包围圈。天鹅座α星在今后8300年的时候，距离天球的北极点将仅仅只有6.6度，会是最靠近北极的一颗亮星，所以那时的它将成为"北极星"。

天鹅座X-1射线源是一个很强的X射线源，观测表明，它是一个有暗子星的双星系。其中我们所能看见的一颗是热超巨星，而看不见的伴星质量约为太阳质量的十倍。观测到的X射线有一个周期性的掩食，正表明了它是由物质坠落在看不见的伴星上所造成的。但是，没人能说清楚质量那么大的暗星体到底是什么样的天体，所以便有人企图用"黑洞"的理论来解释它。天鹅座也有一个十分著名的流星雨，叫火流星。火流星一般出现在8月的下旬，最旺盛期是在8月20日。辐射点在k星附近，流星末端常可见到明亮的爆发，在夏夜的天空十分醒目。

◆ **武仙座**

武仙座是北天星座之一，它的中心位置为赤经17时20分，赤纬32°，面积约1225平方度。武仙座位于天龙座之南，天琴座和北冕座之间。武仙座内目视星等亮于6等的星有

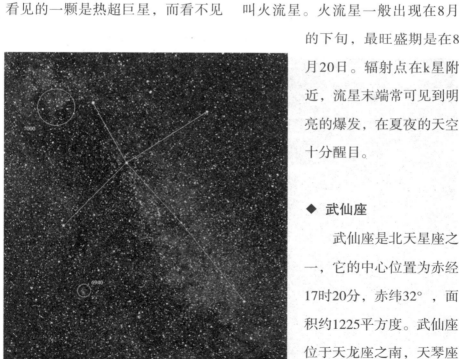

天鹅座

181颗，其中亮于4等的星有23颗。a（中文名：帝座）是双星，主星为不规则变星，还有 η、ζ、β、δ、ε 和 π（中文名：天纪增一、天纪二、河中、魏、天纪三和女床一）。

武仙座是全天第五大星座，最易识别的是由 π ε ζ η 四星组成的四边形。但这样大的天区却没有特别亮的星，倒是有很多双星。武仙座 α，是由一个红巨星和一个5等的蓝绿色恒星组成的，还有武仙座 δ、κ 和 ρ 都是双星系统。

在武仙座 η 星和 ζ 星之间靠近 η 星的地方，有一个著名的球状星团 M13，亮度相当于4等。该星团离22500光年，直径100光年，成员星300000，越到里面星越密集，到了中心恒星的密度已经是太阳系附近恒星密度的几百倍了，是北天最

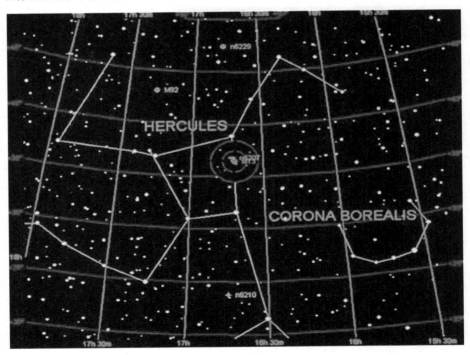

武仙座

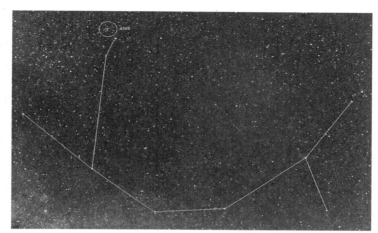

蛇夫座

牧夫座

亮的星团。另一个星团是M92，距离25000光年，可以用双目望远镜观测到，它核心的恒星密集程度甚至超过了M13。

◆ "昂头"的天龙座

天龙座是北天夜空中一年四季都可以看到的星座，位于北冕座以北，是全天第8大星座。天龙座看起来的确像一条蛟龙弯弯曲曲地盘旋在大熊座、小熊座与武仙座之间，跨越的天空范围很广。紧靠武仙座的是高昂着的龙头，是由4颗2、3、4、5等星构成一个四边形。长长的龙身围绕着北极星半圈。如果从龙头斗形中上的两颗星引出一条直线向北，就可以找到北极星。

天龙座是拱极星座，在北半球四季可见，而在每年5月24日的子夜，天龙座的中心会经过上中天。

天龙座矮星系是银河系最小的附属星系之一，只有大约500光年大。严格说来还是应当归属于河外星系，太阳系是不能和它相提并论的，因为不是同一级别的天体系统。如果非要深究它们的相对位置，太阳系位于猎户座旋臂内，而天龙座靠近北天极，猎户座则在天赤道附近，两者几乎是相垂直的方向。

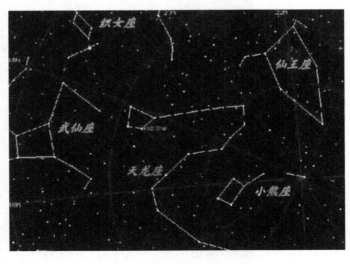

天龙座

◆ "M"状仙后座

仙后座也是拱极星座之一。位于仙王座以南，仙女座之北，与大熊座遥遥相对，靠近北天极，全年都可看到，尤其是秋天的夜晚特别明亮。仙后座是一个可以与北斗星媲美的星座，其中可以用肉眼看清的星星至少有一百多颗，但特别明亮的也不多，只有六七颗。仙后座最亮的 β、α、γ、δ 和 ε 五颗星构成了一个"M"或"W"的形状，所以找寻起来并不困难，这也是仙后座最显著的标志。"M"形中央尖角和"W"形的开口朝向北极星所指的方向，因此，仙后座也是找寻北极星的重要标志之一。还可以通过另一种方法寻找到仙后座，即把北斗七星的"天极"和北极星的连线向南延伸约相等的长度，便可到达银河"岸边"的仙后座。

仙后座的"W"与北斗七星隔着北极星遥遥相对，所以当秋季仙后座升到天顶的时候，北斗正在天空最低处，这时在我国南方甚至都看不见它了。看不到北斗星的情况下，可以连接 δ 星和 ε 与 γ 星的中点，向北延伸就能找到北极星了。

仙后座里曾过有一次超新星爆发，那颗超新星最亮时比金星还亮。那是在1572的11月11日，也就是明朝的时候，在仙后座突然出现了一颗在白天都可以看到的新星。这颗星出现三周后，开始慢慢变暗，直到17个月后的1574年3月，它才从人们的视野中消失（这种突然出现"亮星"的现象，在天文学上称为"超新星爆发"）。但是在380年后，天文学家又在这个位置上发现了无线波辐射，它是一个强有力的射电源，被称为仙后座B射电源，它应该是那次超新星爆发后的残余。

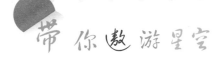

仙后座

◆ 仙王座

仙王座是位于天鹅座北面，仙后座西面的一个星座，它大部分浸在银河之中，形成一个细长而歪斜的五边形，我们一年四季都可以看到它，尤其在秋天夜晚更是引人注目。不过，这个星座中最亮的星也还不到2米，所以要找到它并不是很容易。仙王座紧挨北极星，与北斗星遥遥相对，延长秋季四边形中飞马座的α和β星就可以一直找到北极星，在半路上有个五边形，这就是仙王座中的五颗主要亮星。其中最亮的α星视星等为2.5米，由于岁差的原因，在公元5500年的时候，它将成为那时的北极星。

仙王座中最美丽的天体是彩虹星云（NGC 7023），星云物质围绕在一颗大质量、炽热且显然尚处于形成阶段的年轻星球周围，在恒星明亮的中心区两侧散发出的红色辉光显示，那里有大量的氢原子正在被来自于恒星的看不见但强烈的紫外光照耀激发着。

仙王座中有许多变星，其中最引人注目的是δ星，我国古代管它叫造父一（造父是我国古代传说中一位善于驾驶马车的人）。δ 星也是颗变星，是1784年首先被发现的，距离地球1000光年。造父一的变光周期非常准确，为5天8小时46分钟39秒，最亮时为3.5米，最暗时为4.4米，是典型的脉动变星。天文学家称其为"造父变星"。仙王座 α 的中文名为

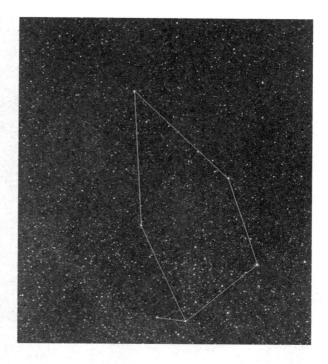

仙王座

天钩五，视星等为2.45等。仙王座 β 也是一颗脉冲变星，视星等为3.2等，它的变光幅度很小，勉强可以用肉眼看出来。仙王座 μ 是一颗3.39等的红巨星，因颜色深红而得石榴星之名。2008年2月2日晚，陈韬和高兴合作发现的彗星——陈－高彗星，即在仙王座发现的。

◆ **飞马座**

飞马座是北天星座之一，位于仙女座西南，宝瓶座以北。它的主要特征是一个很大的四方形，但四方形东北角上最亮的那颗星是属于仙女座的。这个四方形在天空的位置非常重要，因为它的每一个边代表着一个方向，看到这个四方形，就可确定东南西北四个方向：四方

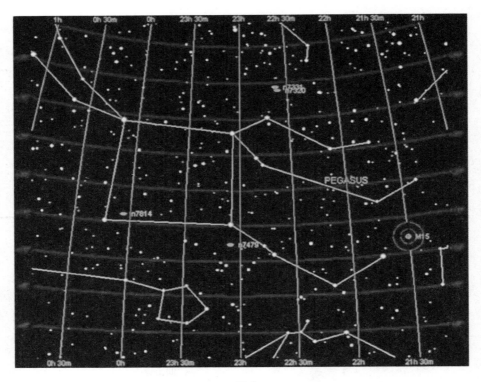

飞马座

形的东面一条边，大体处在春分点与北天极的联线上，由这条边向南延长同样长度，便是春分点；向北延长约4倍距离，就是北极星。四方形西面一条边向南延长约3倍距离，就到了南鱼座的亮星（即北落师门）；向北延伸约4倍距离，也同样会找到北极星。

和其他星座一样，飞马座也有自己的神话传说：在古希腊神话故事中，当英雄珀尔修斯割下魔女墨杜萨的头时，突然从魔女头里流出来的血泊中跳出一匹长翅膀的白马珀加索斯。珀尔修斯骑上这匹飞马，救出了仙女安德洛墨达。后来，天神宙斯便将这匹飞马提到天上，成为飞马座。所以现在英仙座、仙女座和飞马座总是连在一起的，不要把飞马座与半人马座、人马座、小马座混淆。飞马座的大四边形是秋季星空中北天区中最耀眼的星象，整个这片天区远离了银河系的银盘，所以布满了明暗各异的星系。这里还有一个梅西耶天体，即球状星团M15。

球状星团M15

知识小百科

黑 洞

　　黑洞很容易让人望文生义地将它想象成一个"大黑窟窿"，但其实不然。实际上黑洞真正是"隐形"的，人们叫它黑洞，是指它就像宇宙中的无底洞，任何物质一旦掉进去，"似乎"就再不能逃出。黑洞的引力场是如此之强，就连光也无法逃脱出来。

　　与别的天体相比，黑洞显得非常特殊。例如，黑洞有"隐身术"——人们无法直接观察到它，就连科学家都只能对它内部结构提出各种猜想。那么，黑洞是怎么把自己隐藏起来的呢？答案就是：弯曲的空间。我们都知道，光是沿直线传播的，这是一个最基本的常识。可是根据广义相对论，空间会在引力场的作用下发生弯曲。这时候，光虽然仍是沿任意两点间的最短距离传播，但走的已经不是直线，而是曲线了。形象地讲就是，好像光本来是要走直线的，只不过强大的引力却把它拉得偏离了原来的方向。

　　在地球上，由于引力场作用很小，这种弯曲是微乎其微的。而在黑洞周围，空间的这种变形非常大。这样的话，即使是被黑洞挡着的恒星发出的光，虽然有一部分会落入黑洞中消失，可另一部分光线也会通过弯曲的空间中绕过黑洞而到达地球。所以，我们可以毫不费力地观察到黑洞背面的星空，就像黑洞不存在一样，这就是黑洞的隐身术。更有趣的是，有些恒星不仅是朝着地球发出的光能直接到达地球，它朝其它方向发射的光也可能因附近黑洞的强引力折射而到达地球。这样我们不仅能看见这颗恒星的"脸"，还同时看到它的侧面、甚至后背。

那么，黑洞是怎样形成的呢？其实，跟白矮星和中子星一样，黑洞很可能也是由恒星演化而来的。当一颗恒星衰老时，它的热核反应已经耗尽了中心的燃料（氢），由其中心产生的能量已经不多了。这样，它就再也没有足够的力量来承担起外壳巨大的重量。所以在外壳的重压之下，核心开始坍缩，直到最后形成体积小、密度大的星体，重新有能力与压力平衡。质量小一些的恒星主要演化成白矮星，质量比较大的恒星则有可能形成中子星。而根据科学家的计算，中子星的总质量不能大于三倍太阳的质量。如果超过了这个值，那么将再没有什么力能与自身重力相抗衡了，从而引发另一次大坍缩。根据科学家的猜想，这次大坍

黑　洞

塌中，物质将不受任何阻挡地向着中心点进军，直至成为一个体积趋于零、密度趋向无限大的"点"。

根据广义相对论，引力场能使时空弯曲。当恒星的体积很大时，它的引力场对时空几乎没什么影响，从恒星表面上某一点发出的光可以朝任何方向沿直线射出；而恒星的半径越小，它对周围时空的弯曲作用就越大，朝某些角度发出的光就将沿弯曲空间返回恒星表面；等恒星的半径小到一个特定值（天文学上叫"史瓦西半径"）时，巨大的引力就使得即使光也无法向外射出，就连垂直于表面发射的光都将被捕获，从而切断了恒星与外界的一切联系。到了这时，黑洞就诞生了。

黑洞无疑是本世纪最具有挑战性、也最让人激动的天文学说之一。世界各国的天文学家都在为揭开它的神秘面纱而辛勤工作着，新的理论也不断被提出。不过，这些当代天体物理学的最新成果不是在这里三言两语能说清楚的。有兴趣的朋友可以去参考有关黑洞的专门论著。

第四章

神秘的宇宙星系

　　在我国，牛郎织女每年七月初七鹊桥相会是一个家喻户晓的神话传说，它也是"七夕节"的来源。而在这个故事中，那条隔开牛郎织女的河就是天上的银河。在天文学上，银河系是指一个由2000多亿颗恒星、数千个星团和星云组成的盘状恒星系统，它的直径约为100 000多光年，中心的厚度约为6000多光年，因其主体部分投影在天球上的亮带被我国称为银河而得名。

　　在宇宙中，除了银河系之外还有河外星系，简称为星系，它是位于银河系之外、由几十亿至几千亿颗恒星、星云和星际物质组成的天体系统。人类估计河外星系包含的天体及天体系统总数在千亿个以上，它们如同辽阔海洋中星罗棋布的岛屿，故也被称为"宇宙岛"。之所以称之为河外星系，是因为他们全部都存在于银河系之外，即所有银河系之外的所有天体系统被称为河外星系。20世纪20年代，美国天文学家哈勃在仙女座大星云中发现了一种叫作"造父变星"的天体，从而计算出星云的距离，终于肯定了它是银河系以外的天体系统，便称它们为"河外星系"。银河系与河外星系组成了天文学上对天体的最高称呼——总星系。在我们看来辽阔无边的银河系其实也只是总星系中的一个普通星系。

浩瀚的银河系

银河系是太阳系所在的恒星系统，包括一千二百亿颗恒星和大量的星团、星云，还有各种类型的星际气体和星际尘埃。它的总质量是太阳质量的1400亿倍。

银河系的结构相当复杂，主要可分银盘（包括旋臂）、核球（包括银核）、银晕三大部分。不过近年来又发现了更大的第四部分：银冕。银河系的中央是一个不太大的核球，约5×4千秒差距，呈椭圆状，半径约为7千光年。核球内的

银　河

带你漫游星空

恒星分布十分的密集，估计其质量约占银河系质量的4%~5%。核球的核心部分是直径为5光年的银核，中心密度比核球还大3.5亿倍。核球的中部叫"银核"，四周叫"银盘"。在银盘外面有一个更大的球形，那里星少，密度小，被称为"银晕"，直径为7万光年。

银盘是银河系的主体部分，大小范围约为8万光年，主要由四条旋臂组成的。银盘的侧截面中间较厚，约有2千秒差距，周围渐渐变薄。银盘中央的平面称银道面。银河系85%~90%的质量都集聚在银盘内。

银晕是包在银盘外的一个巨大

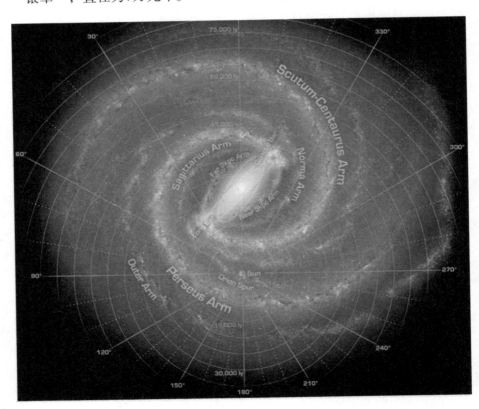

银河系结构

包层，其范围很大，按体积来算的话，它至少是银盘的50倍，但质量却只占到银河系的10%，所以银晕是比较稀薄的。除了那些稀薄的星际气体外，银晕中的物质主要是球状星团。

银冕是1974年才证实的银河系最外围部分，其范围可能达180千秒差距，比银河系主体部分大得多。银冕内基本没有恒星，只是由极稀薄的气体组成。

根据已知的观测资料估计，银河系核心部分，即银心或银核，是一个很特别的地方，内有复杂的细节结构，它发出很强的射电、红外，X射线和γ射线辐射。其性质尚不清楚，但科学家猜测那里可能有一个巨型黑洞，据估计其质量可能达到太阳质量的250万倍。

根据之前的观测资料显示，银河系有4条旋臂，分别是人马臂，猎户臂，英仙臂，天鹅臂。太阳位于猎户臂内侧。所谓的旋臂实际上是恒星、星际气体、星际尘埃的集聚区域。其实充满物质的旋臂并不是象风扇叶那样固定不变的，恒星会在旋臂中不断的进出，只是它们能保持进出平衡，所以看上去形状基本没多大变化。但是根据2008年的一期美国国家地理杂志的报道，天文学家描绘出了银河系最真实的地图，而最新地图显示，银河系螺旋手臂与之前所观测的结果大相径庭，原先银河系的四个旋臂，现只剩下两个，另外两个尚处于未成形状态。威斯康星州立大学怀特沃特分校的罗伯特·本杰明指出，银河系实际上只有两个较小的螺旋手臂，与之前天文学家所推断结果不相符。

银河系也有自转，太阳系以每秒250千米速度围绕银河中心旋转，旋转一周约2.2亿年。银河系还有两个伴星系：大麦哲伦星系和小麦哲伦星系。

美国《科学》和英国《自然》

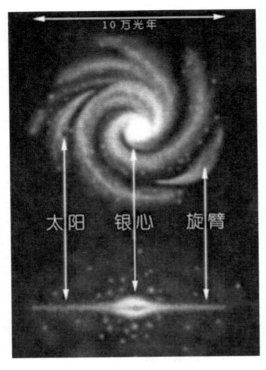

银河系结构

研究发现，它们正以每秒120公里的速度相互靠近。哈佛-史密松天文物理中心的天文学家考克斯和黎伯指出，仙女座星系将在20亿年后第一次擦过银河星系，之后的30亿年间，它们的核心会沿着彼此的轨道旋转，极有可能合二为一。在它们融合的过程中，两大星系的天体成员们将慢慢地结合成一个椭圆形的星系"Milkomeda"。尽管大部分的恒星分布得较为稀疏，不至于互相碰撞，但星系的引力仍会引发它们位置的改变。研究者预计，在这两大星系大融合之前，太阳系有50%的可能找到机会冲到银河系的尽头，争得一线生机。那时，太阳系将扫过Milkomeda扩展开来的"尾巴"，距离是目前太阳系到银河系中心长度的三倍，地球将被"放逐"到新星系的边缘。考克斯和黎伯指出，如果人

杂志均发表文章称，哈佛大学的天文学家通过电脑模拟出了20亿年后银河系和其"邻居"仙女座星系相撞的情景，两大星系极可能合二为一，引力会导致其中的天体成员位置改变，届时地球将被逼到遥远的银河系尽头，遭遇"放逐"之境。

据悉，目前仙女座星系距离银河系中的太阳系约230万光年。

类在20亿年后仍存活在地球上，那么我们的后代将会有机会看到这一空中奇观。

探索河外星系

河外星系是由几十亿至几千亿颗恒星以及星际气体和尘埃物质等构成的，占据了几千至几十万光年空间的天体系统。我们的银河系也是一个星系，而银河系以外的星系就被称作河外星系。目前，已发现10亿个河外星系。最著名的河外星系有：仙女座河外星系、猎犬座河外星系、大麦哲伦星系、小麦哲伦星系和室女座河外星系等。

从17世纪初望远镜发明后，人类视野拓展到越来越远的宇宙深处，天文学家们陆续发现了一些云雾状天体，这些后来被称为星云。18世纪，德国哲学家康德和英国天文学家赖特等人曾猜想这些星云是像银河一样由星群构成的宇宙岛，只是因为距离太遥远而不能分辨出单个的星体。1917年，美国天文学家里奇拍摄星云NGC6946时，在其中发现了一颗新星。后来，美国天文学家柯蒂斯也有类似的发现。由于星云中的新星极其暗弱，他们便猜测星云应该离我们极其遥远，是银河系外的天体。直到1924年，美国天文学家哈勃用当时世界上最大的天文望远镜——威尔逊山天文台2.5米直径的望远镜观察仙女座星云时，第一次发现星云其实是由许多恒星组成的，并且他还利用对其中的造父变星的观测数据测定出了仙女座星云位于70万光年之外。

这远远超出了银河系的范围，从而证明了它是银河系之外的星系。此后，哈勃又测定出三角座星云和星云NGC6822也位于银河系之外。哈勃便将这些银河系之外的星系称为河外星系。河外星系的发现将人类的认识首次拓展到遥远的银河系以外，是人类探索宇宙过程中的一个重要的里程碑。

目前世界通用的星系分类法是哈勃在1926年提出的，他将星系分为以下四种类型。

◆ **椭圆星系**

椭圆星系是河外星系的一种，外形呈圆球型或椭球型，中心区最亮，亮度向边缘递减。对距离较近的椭圆星系，用大型望远镜望远镜可以分辨出外围的成员恒星。椭圆星系根据哈勃分类，按其椭率大小分为E0、E1、E2、E3、…、E7共八个次型，E0型是圆星系，E7是最扁的椭圆星系。

同一类型的河外星系，质量差别很大，有巨型和矮型之分，其中以椭圆星系的质量差别最大。质量最小的矮椭圆星系和球状星团相当，而质量最大的超巨型椭圆星系可能是宇宙中最大的恒星系统，质量范围约为太阳的千万倍到百万亿倍，光度幅度范围从绝对星等-9等到-23等。椭圆星系质量光度比约为50~100，而旋涡星系的质光比约为2~15。这表明椭圆星系的产能效率远远低于旋涡星系。椭圆星系的直径范围是1~150千秒差距。总光谱型为K型，是红巨星的光谱特征。颜色比旋涡星系红，说明年轻的成员星没有旋涡星系里的多。椭圆星系中没有典型的星族I天体蓝巨星，主要由星族II天体组成，没有或仅有少量星际气体和星际尘埃。

关于椭圆星系的形成原因，有一种星系形成理论认为，椭圆星系是由两个旋涡扁平星系相互碰撞、

超巨椭圆星系

混合、吞噬而成。天文观测数据表明，旋涡扁平星系盘内的恒星都比较年轻，而椭圆星系内恒星的年龄都比较老，即先形成旋涡扁平星系，两个旋涡扁平星系相遇、混合后再形成椭圆星系。还有人用计算机模拟的方法来验证这一设想，结果表明，在一定的条件下，两个扁

167

平星系经过混合的确能发展成一个椭圆星系。加拿大天文学家考门迪在观测中发现，某些比一般椭圆星系质量大的多的巨椭圆星系的中心部分的亮度分布异常，仿佛在中心部分另有一个小核。他对此的解释就是这是一个质量特别小的椭圆星系被巨椭圆星系吞噬的结果。但是，星系在宇宙中分布的密度毕竟是非常低的，它们相互碰撞的机会极小，要从观测上发现两个星系恰好处在碰撞和吞噬阶段是是非常困难的。所以，这种形成理论还有待人们去深入探索。

◆ **漩涡星系**

太阳系所处的银河系是一个漩涡星系，主要由质量和年龄不尽相同的数以千亿计的恒星和星际介质（气体和尘埃）所组成。它们大都

旋涡星系

密集地分布在银河系的对称平面附近，形成银盘，其余部分则散布在银盘上下近于球状的银晕里。恒星和星际介质在银盘内也不是均匀分布的，而是更为密集地分布在由银河中心伸出的几个螺旋形旋臂内，成条带状。一般分布在旋臂内的恒星，都是年轻而富金属的，并多与电离氢云之类的星际介质成协。而点缀在银晕里的恒星则是年老而贫金属的。其中最老的恒星已有达150亿年的高龄，有的恒星早已衰老并通过超新星爆发将内部所合成的含有重元素的碎块连同灰烬一起降落到银盘上。

◆ **透镜星系**

在椭圆星系中，比E7型更扁的并开始出现旋涡特征的星系，被称为透镜星系。透镜星系是椭圆星系

透镜星系

向旋涡星系或者椭圆星系向棒旋星系的过渡时的一种过渡型星系。

◆ **不规则星系**

不规则星系，顾名思义就是外形不规则，没有明显的核和旋臂，没有盘状对称结构或者看不出有旋转对称性的星系，天文学里用字母Irr表示。在全天最亮的星系中，不规则星系只占5%。

按星系分类法，不规则星系又分为Irr I型和Irr II型两类。I型是典型的不规则星系，它们除了具有上述的一般特征外，有的还有隐约可见的不甚规则的棒状结构。它们是矮星系，质量范围从太阳的一亿倍到十亿倍不等，有的甚至可高达100亿倍。它们的体积小，长径的幅度为2~9千秒差距。星族成分和Sc型螺旋星系相似：O–B型星、电离氢区、气体和尘埃等年轻的星族I天体占很大比例。

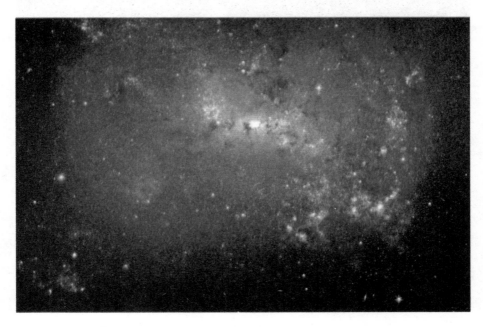

不规则星系

II型不规则星系具有无定型的外貌，分辨不出其中的恒星和星团等组成成分，而且往往有明显的尘埃带。一部分II型不规则星系可能是正在爆发或爆发后的星系，另一些则是受伴星系的引力扰动而扭曲了的星系。所以I型和II型不规则星系的起源有可能是完全不同的。

不管是银河系还是河外星系，它们的大小都各有不同。其中椭圆星系的大小差异很大，直径在3300多光年至49万光年之间；旋涡星系的直径一般在1.6万光年至16万光年之间；不规则星系直径一般在6500光年至2.9万光年之间。当然，由于星系的亮度总是由中心向边缘渐暗，外边缘没有明显界线，往往用不同的方法测得的结果也是不一样的。而河外星系的质量一般处于太阳质量的100万至10000亿倍之间。椭圆星系的质量差异很大，大小质量差竟达1亿倍。相比之下，旋涡星系质量居中，不规则星系一般较小。

星系内的恒星在运动，星系本身也有自转，星系整体在空间内也同样在运动。所谓星系的红移现象，就是在星系的光谱观测中，某一谱线向红端的位移。为什么有这种位移呢？这种位移现象说明了什么呢？根据物理学中的多普勒效应，红移现象表明被观测的天体在空间视线方向上正在远离我们而去。1929年，哈勃发现星系红移量与星系离我们的距离成正比。距离越远，红移量越大。这种关系被称之为哈勃定律，这也是大爆炸宇宙学的实测依据。

星系在宇宙空间中的总体分布是近于均匀地分布在各个方向。但是从小范围来看看，星系的分布又是不均匀的，和恒星的分布一样有成团集聚的倾向。大麦哲伦星系和小麦哲伦星系组成双重星系，然后它们又和银河系组成三重星系，最后再加上仙女座大星系等构成了本

大麦哲伦星系

星系群。

作为庞大的天体系统来说，星系也有其形成、发展到衰亡的演化过程。星系从形态序列看有椭圆星系、旋涡星系和不规则星系。这种形态上的差别是否代表它们演化阶段的不同呢？谁属年轻？谁是中年？谁算老年？现在仍未有结论，尚处于探索之中。

第五章

天文学家和历法

　　中国早在黄帝和炎帝的时候就出现了羲和，从此以后，人们对天文学的兴趣更加高涨。随着天文学研究的不断深入，天文观测资料的不断积累，以及越来越精确的天文仪器的出现，古今中外天文学史上出现了很多优秀的科学家，他们都为世界天文学的研究和发展作出了巨大的贡献。一代又一代的天文学家在吸收借鉴前人经验的同时，也对其中的错误理论进行了修正，发展处更加准确，更加全面的科学理论，为后来的科学家的研究提供了更为可靠的信息。历代天文学家还对观测资料进行了归纳整理，并依据这些发明了天文历法，虽然这些历法因地域不同而有所差别，但它们都是建立在真实数据以及精确计算的基础上的。在古代科技并不发达的情况下，这些历法为人类的生产生活提供了极大的便利，并且在后来的生产实践中不断得到完善，因而得以留存至今。虽然现代人们又发明了更为先进的现代历法系统，但古代历法系统在民间仍然占有重要的地位。正是因为有了这些天文学家的观测与研究以及宝贵的资料，人类才可以对宇宙了解得越来越多，世界文明才得以继续前进。

中国天文学家

◆ 羲　和

　　羲和是我国古代传说中掌管天文历法的人，相传他是黄帝时代的官员。《史记·历书》记载："黄帝考定星历"。同书《索隐》引《系本》及《律历志》中也有记载："黄帝使羲和占日，常仪占月……容成综此六术而著《调历》"。这里所谓的"占日"指的是观测太阳，计算日子等。

黄帝像

我国民间传说中有很多关于羲和的故事：在关于唐尧的传说中，羲和是掌管天文的一个家庭，有羲仲、羲叔、和仲、和叔四人。他们分别被尧派往东、南、西、北四方，去观测昏中星，参照物候来定二分、二至的日子，以确定季节，安排历法；而最有名的传说则见于《尚书·胤征》篇，文章记载说当时发生了日食，羲和是夏仲康王的天文官，但他终日沉湎于酒色而荒废了天象的观测和推算，所以没有预测到这次日食，引起了恐慌。于是仲康王依据《政典》："先时者杀无赦，不及时者杀无赦"，命胤侯征伐羲和并处决了他。这次日食也是世界上人类第一次记载的日食。

因为羲和是传说中掌天文的官，后来主张复古的王莽在掌权后就把天文官改称羲和，著名天文学家刘歆就曾被任命担任羲和这个官职。又因为羲和在传说中与观测太阳有关，所以在古代神话故事中有些就把羲和塑造为太阳的母亲。《山海经·大荒南经》中说，在东南海之外有羲和国，国中有一女子叫羲和，嫁给帝俊为妻，生了十个太阳，每天羲和都会在甘渊为十个太阳洗澡。而屈原在《离骚》中，则把羲和写成驾驭太阳车的神，像希腊神话中的赫利俄斯一样。

◆ 甘 德

甘德是我国古代著名天文学家，著有《天文星占》八卷、《岁星经》等，这些著作的内容多已失传，仅有部分文字被《唐开元占经》等典籍所引录，从中可以窥知他在恒星区划命名、行星观测与研究等方面都有所贡献。他和石申夫等人都建立了各不相同的全天恒星区划命名系统，其方法是依次给出某星官的名称与星数，再指出该星官与另一星官的相对位置，从而对全天恒星的分布、位置等予以定性的描述。

三国时的天文学家陈卓在总结了甘德、石申夫等人的理论之后，得出了中国古代经典的283星官1464星的星官系统，其中取用甘氏星官者146座（包括28宿在内），可见甘德对全天恒星区划命名的工作对后世产生了极其重要的影响。有迹象表明，甘德还曾对若干恒星的位置进行过定量的测量，可惜其结果大多已不存在。甘德还以占星家闻名，他的天文学贡献与他的占星活动是相辅相成的，是在当时和对后世都产生了重大影响的甘氏占星流派的创始人。

在甘德的一生中，他对行星运动进行了长期的观测和定量的研究。他发现了火星和金星的逆行现象，指出"去而复还为勾"，"再勾为巳"，把行星从顺行到逆行然后再到顺行的视运动轨迹十分形象地描述为"巳"字形。甘德还提出了行星会合周期（即接连两次晨见

东方的时间间距）的概念，并且测得木星、金星和水星会合周期值分别为：400日（应为398.9日）、587.25日（应为583.9日）和136日（应为115.9日）。他还给出木星和水星在一个会合周期内见、伏的日数，更给出金星在一个会合周期内顺行、逆行和伏的日数，而且指出在不同的会合周期中金星顺行、逆行和伏的日数可能在一定幅度内变化的现象。虽然甘德的这些定量描述还比较粗疏，但它们却为后世传统的行星位置计算法开辟了先河。

依据《唐开元占经》中引录甘德论及木星时所说的"若有小赤星附于其侧"等，有人认为甘德应该在伽利略之前近两千年就已经用肉眼观测到木星最亮的卫星——木卫二。虽然这只是猜测，但是考虑到甘德著有关于木星的专著——《岁星经》，他是当时认真观测木星和研究木星的名家，而且木卫二在一定的条件下的确有可能凭肉眼就观

测到。综合种种因素，这一猜测大约是可信的。

◆ 张 衡

张衡，东汉建初三年（公元78年）生，永和四年（公元139年）卒。字平子，南阳西鄂（今河南南阳市石桥镇）人，汉族。他是我国东汉时期伟大的天文学家，为我国天文学、机械技术、地震学的发展作出了不可磨灭的贡献，而且在数学、地理、绘画和文学等方面也表现出了非凡的才能和广博的学识。

张衡是东汉中期浑天说的代表人物之一，他指出月球本身并不发光，月光其实是日光的反射。他还正确地解释了月食的成因，并且认识到宇宙的无限性和行星运动的快慢与距离地球远近的关系。张衡观测记录了两千五百颗恒星，发明了世界上第一架能比较准确地表演天象的漏水转浑天仪以及第一架测试地震的仪器——候风地动仪，还制造出了指南车、自动记里鼓车、飞行数里的木鸟等等。张

张 衡

候风地动仪

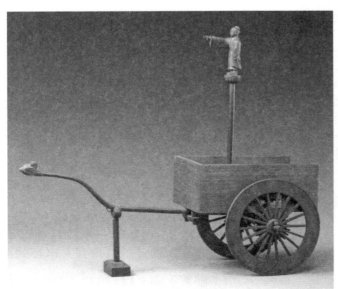

指南车

带 你 遨 游 星空

衡一生共著有科学、哲学、和文学著作三十二篇，其中天文著作有《灵宪》和《灵宪图》等。

为了纪念张衡的功绩，人们将月球背面的一个环形山命名为"张衡环形山"，将小行星1802命名为"张衡小行星"。20世纪中国著名文学家、历史学家郭沫若对张衡的评价是："如此全面发展之人物，在世界史中亦所罕见，万祀千龄，令人景仰。"后世称张衡为木圣（科圣）。

祖冲之

◆ 祖冲之

祖冲之（公元429年—公元500年），是我国杰出的数学家，科学家。南北朝时期人，字文远。生于未文帝元嘉六年，卒于齐昏侯永元二年。祖籍范阳郡遒县（今河北涞水县）。先世迁入江南，祖父掌管土木建筑，父亲亦学识渊博。祖冲之从小接受家传的科学知识，青年时进入华林学省，从事学术活动。一生先后担任过南徐州（今镇江市）从事史、公府参军、娄县（今昆山县东北）令、谒者仆射、长水校尉等官职。

祖冲之一生的主要贡献在于数学、天文历法和机械三方面。在数学方面，他写了《缀术》一书，被收入著名的《算经十书》中作为唐代国子监算学课本，可惜后来失传了。《隋书·律历志》留下了一小段关于圆周率（π）的记载，祖冲之算出的π的真值在3.1415926（朒数）和3.1415927（盈数）之间，相当于精确到了小数点后第7位，成为当时世界上最先进的成就。这一纪录直到15世纪才被阿拉伯数学家卡西打破。祖冲之还给出了π的两个分数形式：22/7（约率）和355/113（密率），其中密率精确到小数第7位，在西方直到16世纪才由荷兰数学家奥托重新发现。祖冲之还和儿子祖暅一起圆满地利用"牟合方盖"解决了球体积的计算问题，得到了正确的球体积计算公式。在天文历法方面，祖冲之创制了《大明历》，最早将岁差引进历法；采用了391年加144个闰月的新闰周；首次精密测出交点月日数（27.21223），回归年日数（365.2428）等数据，还发明了用圭表测量冬至前后若干天的正午太阳影长以定冬至时刻的方法。在机械学方面，他设计制造过水碓磨、铜制机件传动的指南车、千里船、定时器等等。此外，他在音律、文学、考据方面也颇有造诣，他精通音律，擅长下棋，还写有小说《述异记》。可以说，祖冲之是历史上少有的名副其实的博学多才的人物。

为了纪念这位伟大的古代科学家，人们也将月球背面的一座环形山命名为"祖冲之环形山"，将小行星1888命名为"祖冲之小行星"。

◆ 郭守敬

郭守敬（1231—1316），字若思，顺德邢台（今河北邢台）人，元朝天文学家、水利学家、数学家和仪表制造家。郭守敬编撰的天文历法著作有《推步》、《立成》、《历议拟稿》、《仪象法式》、《上中下三历注式》和《修历源流》等十四种，共105卷。

郭守敬和王恂、许衡等人，共同编制出了我国古代最先进、施行最久的历法《授时历》。为了编历，他创制和改进了简仪、高表、候极仪、浑天象、仰仪、立运仪、景符、窥几等十几件天文仪器仪表；还在全国各地设立二十七个观测站，进行了大规模的"四海测量"，测出的北极出地高度平均误差只有0.35；新测二十八宿距度，平均误差还不到5'；测定了黄赤交角新值，误差仅1'多；取回归年长度为365.2425日，与现今通行的公历值完全一致。

为纪念郭守敬的功绩，人们将月球背面的一环形山命名为"郭守敬环形山"，将小行星2012命名为"郭守敬小行星"。

◆ 徐光启

徐光启在天文学上的成就主要是主持了历法的修订和《崇祯历书》的编译。编制历法在中国古代乃是关系到"授民以时"的大事，为历代王朝所重

视。中国古代数学历来以实际计算见长，重视和历法编制之间的关系，因此中国古代历法的准确程度还是比较高的，但到了明末却明显呈现出落后的状态，一方面是由于西欧的天文学此时有了飞速的进步；另一方面则是明王朝长期执行不准私习天文，严禁民间研制历法政策的结果。明沈德符《万

徐光启

历野获编》所说的"国初学天文有历禁，习历者遣戌，造历者殊死"，指的就是此事。

明代施行的《大统历》，实际上就是元代《授时历》的延续，日久天长，已严重不准。据《明史·历志》记载，自成化年间开始（公元1481年）就陆续有人建议修改历法，但建议者不是被治罪便是被以"古法未可轻变"，"祖制不可改"为由遭到拒绝。万历三十八年（公元1610年）十一月日食，司天监再次预报错误，朝廷才决定由徐光启与传教士等共译西法，供邢云路修改历法时参考，但不久又不了了之。直至崇祯二年五月朔日食，徐光启以西法推算最为精密，礼部奏请开设历局，以徐光启督修历法，改历工作终于走上正轨。但后来满清侵入中原，改历工作在明代实际并未完成。当时协助徐光启进行修改历法的有很多人，比如中国人有李之藻（公元1565—1630

年）、李天经（公元1579—1659年）等；外国传教士有龙华民、庞迪峨、熊三拔、阳玛诺、艾儒略、邓玉函、汤若望等。

徐光启介绍了以古代托勒密旧地心说和以当代第谷的新地心说为代表的欧洲天文知识，会通当时的中西历法，主持编译了《崇祯历书》。他在这本历书中引进了圆形地球的概念，明晰地介绍了地球经度和纬度的概念。另外，他还为中国天文界引进了星等的概念；根据第谷星表和中国传统星表，提供了第一个全天性星图，成为清代星表的基础；在计算方法上，徐光启引进了球面和平面三角学的准确公式，并首先作了视差、蒙气差和时差的订正。

徐光启在天文历法方面的成就，主要集中于《崇祯历书》的编译和为改革历法所写的各种疏奏之中。《崇祯历书》的编译工作开始于崇祯四年（1631），直至十一年

星 图

（1638）才完成。全书46种，共137卷，分五次进呈。前三次乃是徐光启亲自进呈（23种，75卷），后两次都是徐光启死后由李天经进呈的。其中第四次还是徐光启亲手订正（13种，30卷），而第五次则是徐氏"手订及半"，最后由李天经完成的（10种，32卷）。徐光启"释义演文，讲究润色，校勘试验"，负责《崇祯历书》全书的总编工作。此外他还亲自参加了其中《测天约说》、《大测》、《日缠历指》、《测量全义》、《日缠表》等书的具体编译工作。

◆ **李善兰**

李善兰，中国清代数学家、天文学家、力学家、植物学家。原名心兰，字竟芳，号秋纫，别号壬叔．浙江海宁人。生于清嘉庆十五年十二月二十八日（1811年1月22日），光绪八年十月二十九日（1882年12月9日）卒于北京。自幼喜好数学，后以诸生应试杭州，得元代著名数学家李冶撰《测圆海镜》，据以钻研，造诣日深。道光间，陆续撰成《四元解》、《麟德术解》、《弧矢启秘》及《万圆阐幽》及《对数探源》等，声名大起。咸丰初，旅居上海，1852—1859年间在上海墨海书馆与英国汉学家伟烈亚力合译欧几里得《几何原本》后9卷，完成明末徐光启、利玛窦未竟之业。又与伟烈亚力、艾约瑟等合译《代微积拾级》、

《重学》、《谈天》等多种西方数学及自然科学书籍。咸同之际，先后入江苏巡抚徐有壬、两江总督曾国藩幕，以精于数学，深得倚重。同治七年（1868），经巡抚郭嵩焘举荐，入京任同文馆算学总教习，历授户部郎中、总理衙门章京等职，加官三品衔。他以《测圆海镜》为基本教材，培养人才甚多。他学通古今，融中西数学于一堂。1860年起参与洋务运动中的科技活动。1868年起任北京同文馆天文算学总教习，直至逝世。

李善兰的主要著作都汇集在《则古昔斋算学》内，共13种24卷，其中对尖锥求积术的探讨，已初具积分思想的雏形，对三角函数与对数的幂级数展开式、高阶等差级数求和等题解的研究，皆达到中国传统数学的极高水平。成为继梅文鼎之后，清代数学史上的又一杰出代表。他一生中翻译的西方科技

李善兰

书籍甚多，将近代科学最主要的几门知识从天文学到植物细胞学的最新成果介绍传入中国，对促进近代科学的发展作出了卓越贡献。

外国天文学家

◆ **托勒密**

托勒密，公元90年生于亚历山大里亚，公元168年去世，终年78岁。是公元127—151年在亚历山大里亚进行天文研究的最重要人物之一，也是影响人类达1000余年之久的"地心说"理论的集大成者和代表者。他的重要著作《大综合论》，共计13卷，内容概括了希腊时代天文学的全部成就，尤其是总结了亚历山大学派天文学家的成就，以及伊巴谷的发现和阿波罗尼等几何学家的理论体系。虽然托勒密的有些理论被后世证明是错误的，但他仍然是自伊巴谷去世以后西方出现的最有成就的天文学家。

托勒密体系作为一种天文学理论有着很高的历史地位。托勒密于公元127年到151年在亚历山大里亚进行了长期的、大量的天文观测，他把他的天文观测成果和地心体系总结成13卷巨著《大综合论》，后来阿拉伯文译本改名为《至大论》。托勒密的体系由于较好地容纳了望远镜发现之前的天文观测，所以一直被看作是最好的天文学体系，统治了西方天文学界达一千多年。

《大综合论》对伊巴谷的理论进行了系统的发挥，称得上是一部古代天文学的百科全书。它用了近80个圆周来解释天体运动，把宇宙体系绘制成一幅合乎逻辑的完善的数学图解。它还对一些天文现象做出了解释，能够反映一定的天体运行的状况。但不足的地方是它把地

托勒密

球设想为宇宙的中心，则从根本上歪曲了天体运动的本来面貌。《大综合论》第1卷概要介绍了托勒密对宇宙结构的基本观点，论述了人类生活的大地其实是球形的证据；第2卷介绍了一些基本定义和初等理论；第3卷讨论了太阳的不规则运动和年的长度；第4卷讨论了月亮运动的理论及他自己的重要发现；第5卷讨论天文仪器，包括视差测定规、天球仪、象限仪、水时计等等，并且介绍了推算日月距离的方法；第6卷讨论日、月食计算方法；第7、8卷介绍1080颗恒星的星表；第9卷至结束介绍的是行星运动的理论。

托勒密的另一部巨著是8卷的《地理学指南》，在这部著作中托勒密最早提出了类似于现代经、纬度的概念。计算出了几千个地点的确切地理位置，绘制了包括、欧、亚、非三大洲和太平洋、印度洋、大西洋三大洋的早期世界地图。当时他就已经知道有马来半岛和中国，后来哥伦布航海时所用的世界地图就是托勒密绘制的，只是这张世界地图上不包括美洋大陆、澳洲和太平洋。关于哥伦布发现新大陆还有一个有趣的说法是这张不准确的地图导致了新大陆的发现：据说托勒密关于地理位置的计算很不准确，他算出的从欧洲横跨大西洋到亚洲的距离，比真实距离小得多，导致哥伦布企图从西班牙向西驶往亚洲印度，但结果却到了美洲，这样才发现了新大陆。

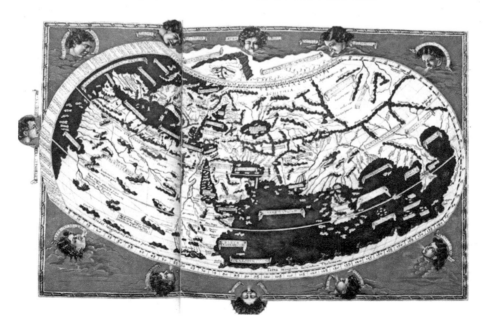

托勒密绘制的早期世界地图

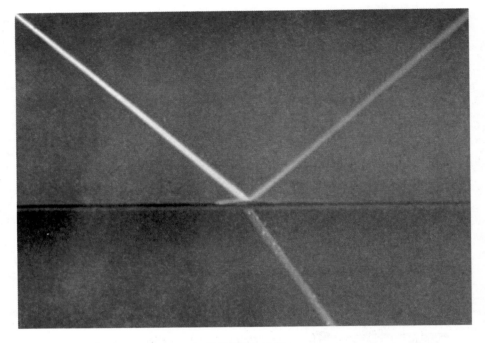

光的折射、反射

而托勒密对物理学的重要贡献
则包括在他的《光学》一书中。在
这本书中他研究了光在平面镜上
的反射和光从一种介质进入另一
种介质时发生折射的现象。托勒
密还做了定量的实验，给出了光
从空气进入水中的折射数据表，
但遗憾的是，他并没有用数学公
式把实验结果表达出来。

◆ **哥白尼**

哥白尼（1473—1543）波兰天
文学家，日心说的创立者，近代天
文学的奠基人。"哥白尼"名字的
原意是表示"谦卑"，这也是他性
格的真实写照。1473年2月19日，
哥白尼生于波兰维斯杜拉河畔的托
伦，10岁时他的父亲死于瘟疫，他
由舅父瓦琴洛德主教抚养。上中学
时哥白尼就对天文学产生了浓厚的

哥白尼

兴趣，曾帮助老师做过日晷并随同老师观察星空。诗人卡里马赫对他说："数学和观测是天文学家的两个法宝"，这句话对他影响很深，这也反映了当时天文学的学术传统。哥白尼从18岁到33岁就读于波兰克拉科夫大学、意大利波伦亚和帕多瓦大学，学习医学、教会法、绘画和天文学等。克拉科夫大学受文艺复兴运动影响最早，新兴资产阶级人文主义和经院哲学两派学生之间的斗争十分激烈。在进步的天文学教授勃鲁采夫斯基的影响下，哥白尼对天文、数学和观测技巧产生了极大兴趣。随着学习的逐渐深入，哥白尼发现托勒密体系存在着诸多问题。24岁时，他和诺法拉共同观测到了1497年3月9日的月掩星（金牛座）现象，而这种现象是托勒密的理论所不能解释的。为

金牛座

了改革陈腐的天文学体系，哥白尼一方面努力吸取古希腊学者们各种著作中的精华，继承前人的成果，另一方面又在和同代人的讨论中探索新的真理。

哥白尼选择的天文学课题，正好是当时科学要摆脱经院哲学统治的突破口。天文学是一门最古老的学科，前人不仅积累了丰富的观测资料，而且提出了各种理论模型，这些模型直接涉及到人们的宇宙观和哲学思想。大学教授们所讲的托勒密地心体系，虽然是建筑在人们的感官证据之上，又合乎《圣经》的古训，但哥白尼说："人们总习惯于把自己看作是世界的中心，这是一种偏见。"从1512年开始，他在弗龙堡定居并成为一名教堂僧正，他以箭楼为宿舍，以平台作为天文台，进行了三十年的潜心研究。

为了使自己的新学说符合客观实际，哥白尼一方面制造了三弧仪（标出天体距离）、象限（测定太阳方位）等简陋仪器，坚持观测，甚至1519—1520战争期间也不例外。后来他在《天体运行论》中所用的27个实例中有25个是他自己的实测记录，例如他测得地月平均距为地球半径的60.30倍（现代值为60.27倍）。另一方面，他又用严密的数学运算来核实自己的理论。1509年和1511年的月食，1512和1518的火星位置，1520年的木星与土星位置等都与他的推算相符。《天体运行论》的诞生过程也非常漫长：在1502—1514年间他写了一个关于日心假说的拉丁文提纲，而且为了应付各种非难和困难，《天体运行论》经历了三次谨慎的大修改（1512—1516，1525，1540），直到1543年临终前哥白尼才看到《天体运行论》的清样。他说："罗马诗人霍斯第认为作品要搁置九年才可问世"，而他的作品却搁置了差不多四个九年！这一巨著中

象限仪

所提出的日心说，否定了在西方统治达一千多年的地心说。日心说经历了艰苦的斗争后，才为人们所接受，这是天文学上一次伟大的革命，不仅引起了人类宇宙观的重大革新，而且从根本上动摇了欧洲中世纪宗教神学的理论支柱。正如恩格斯在《自然辩证法》里所说的那样，日心说是"向神学发出的挑战书"，是"自然科学的独立宣言"，"从此自然科学便开始从神学中解放出来""科学的发展从此便大踏步前进"。哥白尼引导了人类在宇宙观上的根本变革，揭开了近代自然科学革命的序幕。

由于受到时代的局限，哥白尼

在日心说中保留了所谓的"完美的"圆形轨道等论点。后来随着开普勒建立行星运动三定律，牛顿发现万有引力定律，以及行星光行差、视差的相继发现，日心说才逐渐建立在更加稳固的科学基础上。

◆ 第谷·布拉赫

第谷·布拉赫，1546年12月14日生于斯坎尼亚省基乌德斯特普的一个贵族家庭，父亲是律师。1601年10月24日逝世于布拉格，终年57岁。

1559年，第谷进入哥本哈根大学读书。1560年8月，他根据预报观察到了一次日食，这使他对天文学产生了极大的兴趣。1562年，第谷转到德国莱比锡大学学习法律，但他仍然利用全部的业余时间坚持研究天文学，并于1563年写出了第一份天文观测资料——"木星合土星"，这份资料中记载了木星、土星和太阳在一条直线上的情况。

1565年，第谷开始到各国漫游，并在德国罗斯托克大学攻读天文学。从此，第谷开始了毕生的天文研究工作，最终取得了重大的成就。

第谷一生在天文观测方面所取得的成果，为近代天文学的发展奠定了坚实的基础。第谷的最重要发现是1572年11月11日观测了仙后座的新星爆发。前后16个月的详细观察和记载，取得了惊人的结果，彻底动摇了亚里士多德的天体不变的学说，开辟了天文学发展的新领域。1576年，在丹麦国王弗里德里赫二世的建议下，第谷在丹麦与瑞典间的汶岛开始建立"观天堡"。这是世界上最早的大型天文台，在这里设置了四个观象台、一个图书馆、一个实验室和一个印刷厂，配备了齐全的仪器，耗资黄金1吨多。从1579年开始，第谷一直在这个天文台工作了20多年，取得了一系列重要成果，创制了大量的先进天文仪器。其中最著名的是他在

第谷·布拉赫

观天堡

1577年对两颗明亮的彗星进行了观察，得出了彗星比月亮远许多倍的结论。这一重要结论对于帮助人们正确认识天文现象，产生了很大影响。

1599年，丹麦国王弗里德里赫死后，第谷在波希米亚皇帝鲁道夫十世的帮助下，移居布拉格，并建立了新的天文台。1600年，第谷遇到了开普勒，并邀请他作为自己的助手。次年第谷逝世，开普勒便接替了他的工作，并继承了他宫廷数

197

带你敖游星空

学家的职务。第谷的大量极为精确的天文观测资料，为开普勒的工作创造了便利，第谷所编著的，经开普勒完成，并于1627年出版的《鲁道夫天文表》成为当时最精确的天文表。

第谷是一位杰出的观测家，但他的宇宙观却是错误的。第谷本人不接受任何地动的思想，他认为所有行星都绕太阳运动，但太阳率领众行星绕地球运动。总的来说，第谷是一位杰出的天文学家，也是近代天文学的奠基人。

◆ 伽利略

伽利略（1564—1642），意大利物理学家、天文学家和哲学家，近代实验科学的先驱者。

1590年，伽利略在比萨斜塔上做了"两个铁球同时落地"的著名实验，从此推翻了亚里士多德"物体下落速度和重量成比例"的学说，纠正了这个持续了1900年之久

的错误结论。1609年，伽利略创制了天文望远镜（后被称为伽利略望远镜），他用它来观测天体，发现了月球表面的凹凸不平，并亲手绘制了世界上第一幅月面图。1610年1月7日，伽利略发现了木星周围的四颗卫星，为哥白尼学说找到了确凿的证据，这也标志着哥白尼学说开始走向胜利。借助于望远镜，伽利略还先后发现了土星光环、太阳黑子、太阳的自转、金星和水星的盈亏现象、月球的周日和周月天平动，以及银河是由无数恒星组成等等。这些发现开辟了天文学的新时代。

伽利略的著作有《星际使者》《关于太阳黑子的书信》《关于托勒密和哥白尼两大世界体系的对话》和《关于两门新科学的谈话和数学证明》等。伽利略为牛顿的牛顿运动定律第一、第二定律提供了启示。他非常重视数学在应用科学方法上的重要性，特别是实

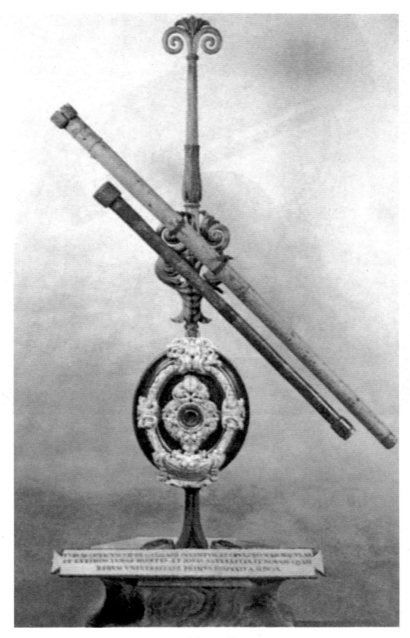

伽利略望远镜

伽利略

物与几何图形符合程度到多大的问题。为了纪念伽利略的功绩，人们把木星的四颗卫星——木卫一、木卫二、木卫三和木卫四命名为伽利略卫星。人们争相传颂："哥伦布发现了新大陆，伽利略发现了新宇宙"。

◆ 开普勒

约翰·开普勒（1571—1630），德国近代著名的天文学家、数学家、物理学家和哲学家。他以数学的和谐性探索宇宙，在天文学方面做出了巨大的贡献。开普勒是继哥白尼之后第一个站出来捍卫太阳中心说、并在天文学方面有突破性成就的人物，被后世的科学史家称为"天上的立法者"。

1600年，开普勒到布拉格担任第谷·布拉赫的助手。1601年第谷去世后，他继承了第谷的事业，并利用第谷多年积累的观测资料，进行了仔细的分析研究，发现了行星沿椭圆轨道运行的规律，并且提出了著名的行星运动三定律（即开普勒定律），为后来牛顿发现万有引力定律打下了基础。另外，开普勒在第谷的工作基础上，经过大量的计算，编制成了《鲁道夫星表》，表中列出了1005颗恒星的位置。这个星表比其他星表要精确得多，因此直到十八世纪中叶，《鲁道夫星

表》仍然被天文学家和航海家们视为珍宝，直到今天它的形式也几乎没有什么改变。

开普勒的主要著作有《宇宙的神秘》、《光学》、《宇宙和谐论》、《哥白尼天文学概要》、《彗星论》和《稀奇的1631年天

Johannes Kepler (1571–1630)

约翰·开普勒

象》等。其中，在《宇宙和谐论》中，开普勒找到了最简单的世界体系，只需7个椭圆就可以描述天体运动的体系。在《彗星论》中，他指出彗星的尾巴总是背着太阳，是因为太阳排斥彗头的物质造成的，这是距今半个世纪以前对辐射压力存在的正确预言。此外，开普勒还发现了大气折射的近似定律。

开普勒所处的年代正值欧洲从封建主义社会向资本主义社会转变的时期，在科学与神权的斗争中，开普勒坚定地站在了科学的一边，用自己羸弱的身体、艰苦的劳动和伟大的发现来挑战封建传统观念，推动了唯物主义世界观的发展，使人类科学向前跨进了一大步。马克思高度评价了开普勒的品格，称他是自己所喜爱的英雄。为了纪念开普勒的功绩，国际天文学联合会决定将1134号小行星命名为"开普勒小行星"。

◆ 哈　雷

哈雷（1656—1742），英国天文学家和数学家。哈雷所处的时代正是以新思想为基础的科学革命时代，他1673年进入牛津大学王后学院学习，1676年到南大西洋的圣赫勒纳岛测定南天恒星的方位，完成了载有341颗恒星精确位置的南天星表,记录到一次水星凌日，还作过大量的钟摆观测（南半球钟摆旋转的方向与北半球相反）。1678年，哈雷被选为皇家学会成员，并获得了牛津大学硕士学位。1684年，他到剑桥向牛顿请教行星运动的力学解释。在哈雷研究取得进展的鼓舞下，牛顿也扩大了他对天体力学的研究。

哈雷具有处理和归算大量数据的才能：1686年，他公布了世界上第一部载有海洋盛行风分布的气象图。1693年，他发布了布雷斯劳城的人口死亡率表，首次探讨了死亡率和年龄的关系。1701年，他根据航海罗盘记录，出版了大西洋和太平洋的地磁图。1704年，他晋升为牛津大学几何学教授。

1705年，哈雷出版了《彗星天文学论说》，书中阐述了1337—1698年出现的24颗彗星的运行轨道，他指出，出现在1531、1607和1682年的三颗彗星可能是同一颗彗星的三次回归，并预言它将于1758年重新出现。后来这个预言被证实了，这颗彗星也得到了一个名字——哈雷彗星。1716年，他设计了观测金星凌日的新方法，希望通过这种观测能精确测定太阳视差并由此推算出日地距离。1718年，哈雷发表了认明恒星有空间运动的资料。1720年，他继任为第二任格林威治天文台台长。

格林威治天文台旧址的0°经线

除了这些，哈雷还发现了天狼星、南河三和大角这三颗星的自行，以及月球长期加速现象，他是天文学史上最重要的天文学家之一。

◆　海　尔

海尔（1868—1938），美国天文学家。由于其在天文学界的重要

哈　雷

贡献，被后世称为"20世纪天体物理学的开拓者"。

在海尔的组织下，美国安装过不少巨型望远镜。在叶凯士天文台安装的1.02米折射望远镜，到现在仍然是世界上最大的折射望远镜。1917年，海尔又组织在威尔逊山天文台安装了2.54米胡克望远镜，这是第一架，也是三十年内唯一一台能够提供借以确定银河系实际大小与我们的太阳系所处位置信息的仪器，它使人类有可能估量到自己所在星系的大小和性质，估量出河外星系的本质和运动。海尔还在帕

威尔逊山的1.53米反射望远镜

胡克100英寸望远镜

洛玛山天文台安装了5.08米反射望　　力比胡克望远镜要优越得多，它能

远镜，它拍摄和分辨遥远天体的能　　拍摄23等的暗星，能探测距离我

们远达几亿光年的暗弱星系。为了纪念海尔的不朽业绩，这架5.08米的望远镜被命名为"海尔反射望远镜"。

海尔通过观察太阳色球层的日饵照片，发现了太阳耀斑的存在。他还发现了太阳黑子中强磁场的存在，这是对地球外磁场的最早发现。1895年，海尔创办了《天体物理学》杂志，他的著作有《恒星演化研究》、《天文台的十年工作》、《新的星空》、《宇宙的深度》等。为了纪念海尔的功绩，1969年威尔逊山天文台和帕洛玛山天文台合并时，统一改名为"海尔天文台"。

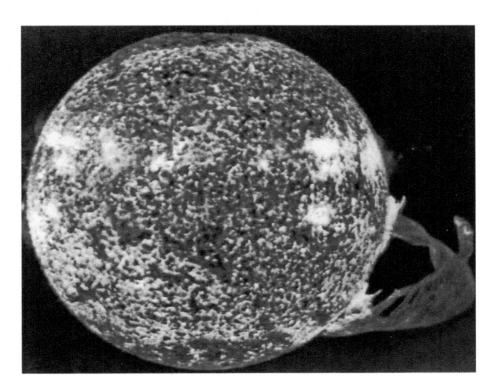

日　饵

◆ 爱因斯坦

阿尔伯特·爱因斯坦（1879年—1955年），犹太人，举世闻名的美国物理学家，现代物理学的开创者和奠基人，相对论——"质能关系"的提出者，"决定论量子力学诠释"的捍卫者（振动的粒子）。1999年12月26日，爱因斯坦被美国《时代周刊》评选为"世纪伟人"。

1900年，爱因斯坦毕业于苏黎世工业大学，并入瑞士国籍。1905年获苏黎世大学哲学博士学位。曾在伯尔尼专利局任职。还在苏黎世工业大学、布拉格德意志大学教授。1913年，爱因斯坦返回德国，任柏林威廉皇帝物理研究所所长和柏林大学教授，并当选为普鲁士科学院院士。1933年因受纳粹政权迫害，迁居美国，任普林斯顿高级研究所教授，从事理论物理研究，1940年入美国国籍。哲学上有一句著名的格言是"任何事都是相对

的。"但爱因斯坦理论可不是这一哲学式陈词滥调的重复，而是一种精确的用数学表述的方法。这一方法中，科学的度量是相对的，而对时间和空间的主观感受则依赖于观测者本身。

关于爱因斯坦的国籍变化问题人们有很多猜测，有一种说法是在爱因斯坦小的时候，有一天德皇军队通过慕尼黑的市街，好奇的人们都涌向窗前喝彩助兴，小孩子们则为士兵发亮的头盔和整齐的脚步而神往，但爱因斯坦却恐惧得躲了起来，他既瞧不起又害怕这些"打仗的妖怪"，并要求他的母亲把他带到自己永远也不会变成这种妖怪的国土去。中学时，母亲满足了爱因斯坦的请求，把他带到了意大利。爱因斯坦放弃了德国国籍，可他并不申请加入意大利国籍，他要做一个不要任何依附的世界公民。大战过后，爱因斯坦试图在现实的基础上建立他的世界和平的梦想，并且

爱因斯坦

在"敌国"里作了一连串"和平"演说。他的思想和行动，使他险遭杀身之祸：一个抱有帝国主义野心的俄国贵族女刺客把枪口偷偷对准了他；德国右翼刺客们的黑名单上也出现了阿尔伯特·爱因斯坦的名字；希特勒悬赏两万马克要他的人头。为了使自己与这个世界保持

"和谐"，爱因斯坦不得不从意大利迁到荷兰，又从荷兰迁居美国，而且加入了美国国籍。他认为，在美国这个国度里，各阶级的人们都能在勉强过得去的友谊中共存下去。

十九世纪末期是物理学的大变革时期，这一时期爱因斯坦从实验事实出发，重新考查了物理学的基本概念，在理论上作出了根本性的突破。他的一些成就大大推动了天文学的发展。他的量子理论对天体物理学、特别是理论天体物理学都有很大的影响。理论天体物理学的第一个成熟的方面——恒星大气理论，就是在量子理论和辐射理论的基础上建立起来的。爱因斯坦的狭义相对论成功地揭示了能量与质量之间的关系，坚守着"上帝不掷骰子"的量子论诠释（微粒子振动与平动的矢量和）的决定论阵地，解决了长期存在的恒星能源来源的难题。近年来发现越来越多的高能物理现象，狭义相对论已成为解释这种现象的一种最基本的理论工具。不仅如此，爱因斯坦的广义相对论也为我们解决了一个天文学上存在多年的未解之谜，并推测出后来被验证了的光线弯曲现象，即爱因斯坦圆环，也成为后来许多天文概念的理论基础。

◆ 哈　勃

爱德温·哈勃（1889—1953），美国天文学家，是研究现代宇宙理论最著名的人物之一，是河外天文学的奠基人。他发现了银河系外星系的存在以及宇宙的不断膨胀，是银河外天文学的奠基人和提供宇宙膨胀实例证据的第一人。因此，哈勃被后世称为"星系天文学之父"。

哈勃在芝加哥大学学习时，受到天文学家海尔的启发并开始对天文学产生兴趣。他在该校时就已获数学和天文学的校内学位，但他毕

爱因斯坦圆环

业后却并没有立即从事天文学研究，而是前往英国牛津大学学习法律，并于1913年在美国肯塔基州开业当了一名律师。后来，他终于集中精力研究天文学，并返回芝加哥大学，在该校设于威斯康星州的叶凯士天文台工作。在获得天文学哲学博士学位并从军参战归来以后，

他便开始在威尔逊天文台（现属海尔天文台）专心研究河外星系并作出了新发现。

20世纪20年代，天文界在围绕星系是不是银河系的一部分这个问题上展开了一场大讨论。哈勃在1922—1924年期间发现，星云并非都在银河系内。他在分析了一批造

哈　勃

父变星的亮度以后断定，这些造父变星和它们所在的星云距离我们远达几十万光年，因而一定位于银河系外。这项于1924年公布的发现使天文学家不得不改变了他们对宇宙的旧有看法。

1925年当哈勃根据河外星系的形状对它们进行分类时，他又得出第二个重要的结论：星系看起来都在远离我们而去，且距离越远，远离的速度越高。这一结论意义深远，因为一直以来，天文学家都认为宇宙是静止的，而现在发现宇宙是在膨胀的，并且更重要的是，哈勃于1929年还发现宇宙膨胀的速率是一个常数。这个被称为哈勃常数的速率就是星系的速度同距离的比值。后来其他天文学家进行了仔细的理论研究之后发现，宇宙已按常数率膨胀了100～200亿年。

星　云

20世纪初，大部分天文学家都认为宇宙不会膨胀出银河系。但20世纪20年代初，哈勃用当时最大的望远镜观察神秘的仙女座时，发现仙女座中的星云不是银河系的气体，而是一个完全独立的星系。因此，哈勃提出，在银河系之外还存在着许多其它的星系，宇宙其实比人类想象的还要大许多。

哈勃太空望远镜是以哈勃命名的在一定轨道上环绕着地球运动的望远镜。它处于地球的大气层之上，因此获得了地基望远镜所没有的好处，即它所拍摄的影像不会受到大气湍流的扰动，视相度绝佳又没有大气散射造成的背景光，还能观测会被臭氧层吸收的紫外线。哈勃望远镜于1990年发射之后，已经成为天文史上最重要的仪器。它填补了地面观测的缺口，帮助天文学家从根本上解决了许多问题，使人类对天文物理有了更多的认识。哈

哈勃太空望远镜

勃所拍摄的哈勃超深空视场是天文学家曾经获得的最深入、最敏锐的的光学影像。

◆ 巴　德

巴德（1893—1960），德国天文学家。1893年3月24日生于威斯特伐利亚州施勒廷豪森，1960年6月25日卒于格廷根。他于1919年得格廷根大学博士学位后，即在汉堡大学天文台工作。1931年赴美国，在威尔逊山天文台和帕洛马山天文台工作，对天文学作出了重要贡献。1958年回国，在格廷根大学工作。

1944年，巴德绘制出了M31（即仙女星系）、M32和NGC205三个星系核心部分亮星的赫罗图，随后发现这张赫罗图和这些星系外区部分亮星的赫罗图不同。由此，他提出了星族的概念，这对研究恒星的结构和演化以及星系动力学有重要作用。帕洛马山天文台5米望远镜建成后，巴德用它进一步研究仙女星系，探测到了300多颗造父变星。巴德发现，造父变星既有属于星族Ⅰ的，也有属于星族Ⅱ的，二者有不同的周光关系。勒维特和沙普利确定的周光关系只适用于星族Ⅱ，这种关系可以用来测定银河系内球状星团的距离。1952年，巴德制订了新的周光关系，重新测定了河外星系的距离。例如，哈勃按星族Ⅱ周光关系把仙女星系的距离定为80万光年，巴德则将其定为200多万光年，并对星系世界的标尺作了相应的扩大。因此，巴德也被称为"星系距离尺度的订正者"。

此外，巴德还对射电源进行了光学认证，并发现了离太阳最近的小行星之一的伊卡鲁斯和离太阳最远的小行星之一的希达尔戈。

◆ 霍　金

斯蒂芬·霍金是世界闻名的数

带你遨游星空

巴 德

学家、理论物理学家，英国剑桥大学应用数学和理论物理系终身教授。他生于1942年，后来却因患"肌肉萎缩性侧索硬化症"而被禁锢在一把轮椅上几十年，但他身残志不残，克服了残废之困而成为国际物理界的超新星。这位杰出学者，被誉为"在世的最伟大的科学家之一"、"另一个爱因斯坦"、"不折不扣的生活强者"、"敢于向命

216

运挑战的人"等。著有《空间时间的大比例结构》（1973，合著）、《广义相对论：爱因斯坦百年评论》（1979，合编）、《超空间和超重力》（1981，合编）、《宇宙之始》（1983，合编）、《时间简史》˘（1988年）、《果壳中的宇宙》、《霍金讲演录》、《乔治开启宇宙的秘密钥匙》等。

霍金先后毕业于牛津大学和剑桥大学三一学院，并获剑桥大学哲学博士学位。在大学后期，他患上了"肌肉萎缩性脊髓侧索硬化症"（简称ALS，即运动神经元疾病），半身不遂。但霍金凭着过人的毅力，克服了身患残疾的种种困

斯蒂芬·霍金

难，于1965年进入剑桥大学冈维尔和凯厄斯学院任研究员。在这个时期，他一直在研究宇宙起源问题，创立了宇宙之始是"无限密度的一点"的著名理论。1969年，霍金被评为冈维尔和凯厄斯学院的科学杰出成就研究员。1972年后霍金在剑桥大学天文研究所、应用数学和理论物理学部进行研究工作，1975年任重力物理学高级讲师，1977年任教授，1979年任卢卡斯讲座数学教授。其间1974年他当选为皇家学会最年轻的会员。并于1978年和1988年先后获得了物理学界的两项大奖，即阿尔伯特·爱因斯坦奖和沃尔夫奖。1989年，霍金获英国爵士

剑桥大学

荣誉称号，他还是英国皇家学会会员和美国科学院外籍院士。

1985年，霍金完全丧失了语言能力，他表达思想的唯一工具是一台电脑声音合成器。他只能用仅能活动的几个手指操纵一个特制的鼠标器在电脑屏幕上选择字母、单词来造句，然后通过电脑播放声音，通常造一个句子要5、6分钟，为了合成一个小时的录音演讲霍金往往要准备上10天。

霍金也到过中国：1985年5月应邀访问中国；2002年8月来华出席国际数学家大会；2006年6月15日，在香港科技大学主持以"宇宙的起源"为题的公开讲座；2006年6月19日，在北京人民大会堂参加2006年国际弦理论大会开幕式并作学术报告。

霍金的成名始于对黑洞的研究成果。他在统一20世纪物理学的两大基础理论——爱因斯坦的相对论和普朗克的量子论方面走出了重要的一步。他的不朽名著《时间简史：从大爆炸到黑洞》，从研究黑洞出发，探索了宇宙的起源和归宿，为人类研究宇宙做出了巨大贡献。

◆ 拉普拉斯

拉普拉斯（1749—1827），他是法国著名的天文学家和数学家，天体力学的集大成者。在著名的拉普拉斯的定理中，拉普拉斯用数学方法证明了行星的轨道大小只有周期性变化。拉普拉斯的杰作《天体力学》集各家之大成，书中第一次提出了"天体力学"的学科名称，是经典天体力学的代表著作。而《宇宙系统论》是拉普拉斯另一部名垂千古的杰作。在这部书中，他独立于康德，提出了第一个科学的太阳系起源理论——星云说。康德的星云说是从哲学角度提出的，而拉普拉斯则从数学、力学角度充实了星云说，因此，人们常常把他们两人的星云说称为"康德拉普拉斯星云说"。

拉普拉斯在数学和物理学方面也有重要贡献，以他的名字命名的拉普拉斯变换和拉普拉斯方程，在科学技术的各个领域都有着广泛的应用。

◆ **勒梅特**

勒梅特（1894—1966），比利时天文学家和宇宙学家。他提出了著名的现代大爆炸理论，认为宇

拉普拉斯

宙开始于一个小的原始"超原子"的灾变性爆炸。第一次世界大战期间，他作为土木工程师在比利时军队中担任炮兵军官。战后进入神学院并于1923年接受神职，担任司铎。1923—1924年间勒梅特在剑桥大学太阳物理实验室学习，后到美国麻省理工学院学习，在那里他了解了美国天文学家哈勃的发现和沙普利的有关宇宙膨胀的研究。1927年，勒梅特任卢万大学天体物理学教授期间，提出了宇宙大爆炸理论。根据这一理论，星系的退行便可在爱因斯坦广义相对论框架内得到解释。虽然宇宙膨胀模型已早有人提出过，但经伽莫夫修改过的勒梅特理论在宇宙论中已居于主导地位。

勒梅特还研究过宇宙射线和三体问题，三体问题是用数学方法描述三个互相吸引的物体在空间中的运动。勒梅特的主要著作有《论宇宙演化》（1933）和《原始原子假说》（1946）。

◆ **阿利斯塔克**

阿利斯塔克（公元前315—230），萨摩斯人（爱琴海萨摩斯岛），古希腊第一个著名天文学家。阿利斯塔克曾就学于雅典学园。他是历史上最早提出日心说的人，也是最早测定太阳和月球对地球距离的近似比值的人。

其实早在托勒密之前，就有人提出过地动的学说，最著名的一位就是阿利斯塔克。阿利斯塔克用数学方法精密计算出了太阳的半径为地球的七倍（实际上是107倍），故推论宇宙中最大的物体是太阳而不是地球，因此他认为太阳是不动的，地球和行星则以太阳为中心做圆周运动。地球每年绕太阳公转一周，同时又每日自转一周。太阳与地球的距离约是月亮与地球的十九倍。但在他的那个时代，他的学说遭到了大部分人的疑问和排斥，而

勒梅特

美国麻省理工学院

且对恒星视差的观测也没有支持他的地球在动的理论。

阿利斯塔克的研究开创了人类用科学的方法来研究天体的距离和大小的先河，证明了天体并不是神秘莫测的，而是符合规律的实物，人类可以用科学的方法对它们进行研究。

◆ **罗蒙诺索夫**

罗蒙诺索夫1711年11月6日生于哈尔蒙柯尔城沿海的渔民家中。当时平民子弟是受不到高等教育的，但他凭着自己勤奋，终于成为一位伟大的学者。19岁时，罗蒙诺索夫隐瞒了自己的出身，进入了莫斯科的斯拉夫−希腊−拉丁文学院。

223

由于学习成绩优秀，1735年他被保送到彼得堡进入科学院所附属的大学学习。1736年—1741年又被派往德国继续深造。1745年，罗蒙诺索夫被任命为科学院化学教授。当时俄国的科学院被控制在以舒玛赫为首的德国人手中，开展研究工作十分困难。后经过罗蒙诺索夫7年的争取，俄国科学院才于1749年建立了俄国第一个化学实验室。

罗蒙诺索夫的最大贡献是创立了物质不灭定律。他在密闭的容器中加热金属时发生了氧化反应，但在精确的化学天平上称量时，发现实验前后重量并没有改变。这个实验否定了英国化学家波义耳的理论，并指出波义耳的错误在于实验终止时，他打开了密闭的容器，进入了空气，从而使实验前后重量不一致。17年后，法国化学家拉瓦锡也重做了此实验，得出了与罗蒙诺索夫相同的结论，从而引起了关于谁是化学史上第一个创立物质不灭定律的人的争论。罗蒙诺索夫在应用科学方面也有涉猎，他曾研究过彩色玻璃的制造、植物的营养等问题。

罗蒙诺索夫

彩色玻璃顶

◆ **威廉·赫歇耳**

　　威廉·赫歇耳1738年11月15日出生在德国汉诺威城。父亲是一位穷苦的乐师，在父亲的熏陶下，赫歇耳从小就表现出很好的音乐才能，后来还在吹奏乐方面有很高的造诣，15岁参军并当上了军乐队小提琴手。18岁那年，因战争独自一人远离家乡，流亡到英国，靠音乐谋生。

　　赫歇耳从小就酷爱读书，平时都抓紧业余时间如饥似渴地读书，从不荒废点滴时间。他读书范围很广，尤其喜爱数学、物理学和天文学。渐渐地他对天文学产生了特殊的兴趣，成为一名天文爱好者。赫歇耳正式成为一名业余天文工作者时已经35岁了，各方面都已比较成

225

熟。他深知天文学是一门观测的科学，因此他所制定的业余天文工作计划的第一步便是自己动手，磨制天文望远镜。他与妹妹卡罗琳一起动手磨制镜面，经过多次失败后，于1744年制作出并安装了一架口径15厘米，长2.1米、放大40倍左右的牛顿式反射望远镜，开始观测星空，撰写论著。他对恒星在天空的分布情况特别感兴趣，并认为确认恒星分布的唯一方法是要进行长期连续的观察。

1871年3月13日晚，赫歇耳巡视天空，他在计数某一选定天区的恒星并记录它们的分布情况时，突然发现了双子座中一颗他当时认为是彗星的天体。后来经过他和其他学者的进一步研究，确定他发现了太阳系的一颗新行星，这就是天王星。这个发现轰动了世界，赫歇耳一举成名。1781年，赫歇耳当选为皇家学会会员，荣获科扑列勋章，并被聘为宫廷天文学家。1787年，

他成功试制出了一架焦距6.09米，口径51厘米的望远镜，发现了天王星的两颗卫星天卫三和天卫四。紧接着，他又开始制作更大的望远镜，并在1789年制作成功，接着就发现了土卫一和土卫二。

为了支付他从事天文研究，尤其是制造望远镜所需的巨大费用，赫歇耳到50岁时才娶了一位非常富有又全力支持他工作的寡妇玛丽为妻，所以他的独子约翰出世时，他已是54岁的老人了。鉴于赫歇耳天文学方面的卓越贡献，1821年英国皇家天文学会成立时，他众望所归地成为首任会长，后来还被册封为爵士，1822年与世长辞。有趣的是，赫歇耳84岁的寿命恰恰正好等于他所发现的天王星绕太阳公转一周的时间。

◆ 央斯基

央斯基（1905—1950）是一名美国无线电工程师，同时也是宇宙

牛顿制成的反射望远镜

赫歇尔望远镜

天卫三

射电的发现者。他生于美国俄克拉荷马州的诺曼，曾在他父亲任职的威斯康星大学学习，毕业后当了一年教师，23岁时进入贝尔电话实验室工作，专门负责搜索和鉴别电话的干扰信号。他建造了一线状定向天线，用此天线能够鉴别特别信号以外的全部干扰源。1931年，他在一些干扰信号中发现有一种每隔23小时56分04秒就出现最大值的无线电干扰，经过仔细分析，他发现这正是天线在扫经银河主瓣的时候。

因此他于1932年发表文章断言：这种干扰是来自银心方向的射电。央斯基由此开创了用射电波研究天体的新纪元。

在射电天文学中，天文学家接收和研究的不是光波，而是微波（最短的无线电波）。它的优越性能在于微波能穿越星际尘埃，而光却不能。尽管发现了银河系射电，但此后央斯基自己并没有继续从事这门学科的研究，仅在开创后作了一些观察而已。他对工程部分更感兴趣，于是将对宇宙的研究让给别人。尽管他的发现是完全公开的，但天文学家们在头几年内并没有进行大规模的探索研究。只有一个叫惠普尔的人发表过一篇文章来讨论央斯基所观测的结果；还有一位叫雷伯的业余天文爱好者单枪匹马地做了一些实际工作。直到第二次世界大战期间，因微波技术和雷达密切相关，射电天文学才被天文学家们真正重视起来，得到迅速发展。

可惜的是，央斯基在四十几岁就英年早逝（死于心脏病），但他总算亲眼看到了奄奄一息的射电天文学摆脱了毫无生气的局面而成为新天文学的有力工具。为了纪念央斯基首先发现银河系射电，在1973年8月举行的国际天文学联合会第15届大会上，射电天文小组委员会通过决议通过：采用"央斯基"作为天体射电流量密度的单位，简写作"央"，并将其纳入国际物理单位系统。

◆ **杰拉德·柯伊伯**

杰拉德·彼得·柯伊伯（1905—1973），荷裔美籍的天文学家。他出生和受教育都在荷兰，1933年到美国，1937年成为美国公民。

在冥王星被发现之后，很多天文学家认为它只不过是行星中的一个小小的特例。他们对此的解释是，其他行星都可以很恰当地纳入

雷 达

传统的天文理论，即太阳系的行星结构由内轨道的四个小型岩石物体和外轨道的四个气体物体组成，其间分布着一个小行星带。但是远方的冥王星却始终是个冰冷的谜，它以奇特的轨道运行于海王星之外。

查拉德·柯伊伯

带你遨游星空

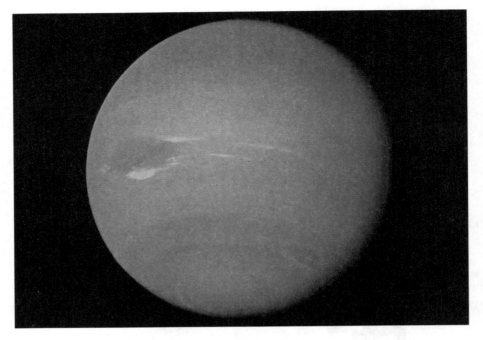

冥王星

但到了上世纪40年代，杰拉德·柯伊伯提出了一个新的理论，他认为冥王星并不是一个毫无脉络可寻的世界，而是在一个"区域"内运行的一大群物体之中最亮的一个。此后，人们便将柯伊伯理论中提到的这个"区域"称为"柯伊伯带"。遗憾的是，这个神秘概念数十年前就已经出现于科学文献中了，但至今人类依然无法从望远镜中看到它的实体。

天文历法简介

◆ 国外天文历法

古巴比伦又称美索不达米亚，在今伊拉克共和国境内的底格里斯河和幼发拉底河一带，是人类文明最早的发展地之一。从公元前3000年左右苏美尔城市国家形成开始，到公元前64年为罗马所灭的三千年间，虽然其占统治地位的民族多次更迭，但古巴比伦人民始终使用楔形文字。他们创造了丰富多彩的物质文明和精神文明，有些一直保留到今天，如分圆周为360°、分1小时为60分、分1分为60秒、以7天为一个星期、分黄道带为12个星座等等。

在古代两河流域的各门科学中，当以数学和天文学的成就最大。据说在公元前三十世纪的后期就已经有了历法，只是当时的月名

因地方而异。人们在现代发现的泥板上找到了有公元前1100年亚述人采用的古巴比伦（即约公元前十九世纪至公元前十六世纪）历的12个月的月名。因为当时的年是从春分开始的，所以古巴比伦历的一月相当于现在的三月到四月。一年12个月，大小月相间，大月30日，小月29日，一共354天。而为了把岁首固定在春分，则需要用置闰的办法，以此补足12个月和回归年之间的差额。

公元前六世纪以前，置闰并无一定规律，通常是由国王根据情况随时宣布。著名的立法家汉谟拉比也曾宣布过一次闰六月。自大流士一世后，才有了固定的闰周，先是8年3闰，后是27年10闰，最后于公元前383年由西丹努斯定为19年7闰

制。

巴比伦人以新月初见为一个月的开始。这个现象一般发生在日月合朔后一日或二日，但确切时间决定于日月运行的速度和月亮在地平线上的高度。为了解决这个问题，塞琉古王朝的天文学家自公元前311年开始制定日、月运行表。这个表上只有数据，没有任何说明，后来的人们很难参透里面的玄机。其中的奥秘直到十九世纪末和二十世纪初才被伊平和库格勒等人揭开。他们发现，表的第四栏是当月太阳在黄道十二宫的位置，第三栏是合朔时太阳在该宫的度数，第三栏相邻两行相减即得第二栏数据，它是当月太阳运行的度数。以太阳每月运行的度数为纵坐标绘图，便可得三条直线。前三点形成的直线斜率为+18'，中间六点形成的直线斜率为−18'。若就连续若干年的数据画图，就可得到一条折线，在这条折线上两相邻峰之间的距离就是

以朔望月表示的回归年长度，1回归年等于12.5朔望月。在这种日月运行表中，有的项目多到18栏之多，如还有昼夜长度、月行速度变化、朔望月长度、连续合朔日期、黄道对地平的交角、月亮的纬度等等。

有了日月运行表以后，计算月食就变得很容易了。事实上，早在萨尔贡二世（约公元前九世纪）时，就已知月食必发生在望，而且只有当月亮靠近黄白交点时才行。但是关于新巴比伦王朝（公元前626—前538年）时迦勒底人发现沙罗周期（223朔望月：19食年）的说法，近来有人认为是不可靠的。

巴比伦人不但把太阳和月亮的运行周期测得很准确，如朔望月的误差只有0.44秒，近点月的误差只有3.6秒。他们对五大行星的会合周期也测得很准确。这些数据远比后来希腊人测的准确，也更接近于近代的观测结果。

汉谟拉比法典

◆ **中国天文历法**

中国的天文历法是中国祖先的伟大创造，它是中国人民智慧的凝结，是华夏文明的代表。早在春秋时期，中国就出现了《古四分历》；西汉时，创制了《太初历》；东汉时，又产生了最早的农家历《四民月令》；唐代，修成了先进的《太衍历》；元代，编制出了《授时历》；明代时在继承了《授时历》的传统下，又颁行了《大统历》。

中国也是世界上最早记载日食、月食、太阳黑子、慧星和新星出现的国家。战国时期著名天文学家甘德所著的《天文星占》八卷和石申所著的《天文》八卷，成为中国现存的最古老的天文学著作。

中国古代天文学家还特别重视创制天文仪器。东汉著名科学家张衡除了发明了地动仪外，还创造了处于世界领先水平的浑天仪；唐代科学家李淳风又创造了浑天黄道仪，这也成为当时世界上最先进的天文仪器之一；宋代天文学家苏颂创制了世界最古老的天文钟——水运仪象台；元代的杰出天文学家郭守敬制造出简仪。这些天文仪器，均遥遥领先于世界其他国家。中国的天文历法理论，几千年前后相继，充分显示出中华民族的聪明才智。

◆ **中国天文历法常识**

【星宿】 宿（xiu），古代把星座称作星宿。《范进中举》中的："如今却做了老爷，就是天上的星宿。""天上的星宿是打不得的。"都说明古人认为人间有功名的人都是天上的星宿降生的。当然这只是迷信说法，并不可信。

【二十八宿】 又叫二十八舍或二十八星，是古人为观测日、月、五星运行而划分的二十八个星区，用来说明日、月、五星运行所到的位置。每宿包含若干颗恒

简　仪

星。二十八宿的名称,自西向东排列顺序为:东方苍龙七宿(角、亢、氐、房、心、尾、箕);北方玄武七宿(斗、牛、女、虚、危、室、壁);西方白虎七宿(奎、娄、胃、昴、毕、觜、参);南方朱雀七宿(井、鬼、柳、星、张、翼、轸)。唐代温庭筠的《太液池歌》中写到:"夜深银汉通柏梁,二十八宿朝玉堂。"夸饰地描写了星光灿烂、照耀宫阙殿堂的壮观景象。王勃《滕王阁序》中的:"物华天宝,龙光射斗牛之墟。"是说物产华美有天然的珍宝,龙泉剑光直射斗宿、牛宿的星区。刘禹锡诗:"鼙鼓夜闻惊朔雁,旌旗晓动拂参星。"形容雄兵出师惊天动地的场面。这里的参星即参宿。

【四象】参见"二十八宿"条。古人把东、北、西、南四方每一方的七宿想象为四种动物形象，叫作四象。东方七宿如同飞舞在春天夏初夜空的巨龙，故而称为东官苍龙；北方七宿似蛇、龟出现在夏天秋初的夜空，故而称为北官玄武；西方七宿犹猛虎跃出深秋初冬的夜空，故而称为西官白虎；南方七宿像一展翅飞翔的朱雀，出现在寒冬早春的夜空，故而称为南官朱雀。

【分野】古代占星家为了用天象变化来占卜人间的吉凶祸福，将天上星空区域与地上的国州互相对应，称作分野。具体说就是把某星宿当作某封国的分野，某星宿当作某州的分野，或反过来把某国当作某星宿的分野，某州当作某星宿的分野。如王勃《滕王阁序》："豫章故郡，洪都新府。星分翼轸，地接衡庐。"是说江西南昌地处翼宿、轸宿分野之内。李白《蜀道难》中也有一句："扪参历井仰胁息，以手抚膺坐长叹。""参宿"是益州（今四川）的分野，"井宿"是雍州（今陕西、甘肃大部）的分野，蜀道跨益、雍二州。"扪参历井"是说入蜀之路在益、雍两州极高的山上，人们要仰着头摸着天上的星宿才能过去。

【昴宿】西方白虎七宿的第四宿，由七颗星组成，又称旄头（旗头的意思）。唐代李贺诗"秋静见旄头"，旄头即指昴宿。唐代卫象诗"辽东老将鬓有雪，犹向旄头夜夜看"，旄头亦指昴宿，诗句表现了一位老将高度警惕、细心防守的情景。

【参商】参，指的是西官白虎七宿中的参宿，商指东官苍龙七宿中的心宿，是心宿的别称。参宿在西，心宿在东，二者在星空中此出彼没，彼出此没，因此常用来喻人分离不得相见。如曹植"面有逸景之速，别有参商之阔"，杜甫诗

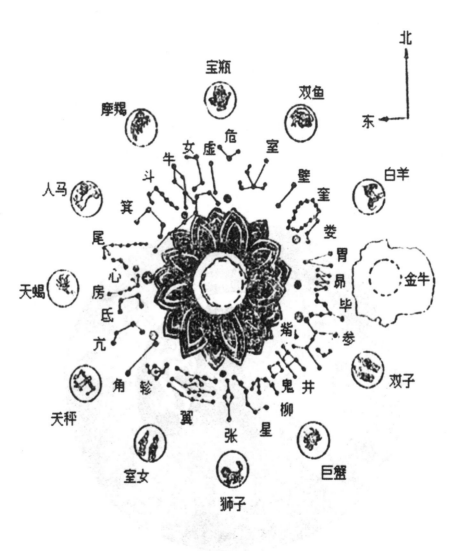

二十八星宿图

"人生不相见，动如参与商"。

【壁宿】指北官玄武七宿中的第七宿，由两颗星组成，因其在室宿的东边，很像室宿的墙壁，又称东壁。唐代张说诗"东壁图书府，西园翰墨林"，形容壁宿是天上的图书库。

【流火】流，下行；火，指大火星，即东官苍龙七宿中的心宿。《诗经·七月》："七月流火，九月授衣。"七月相当于公历的八月，流火是说大火星的位置已由中天逐渐西降，表明暑气已退。

【北斗】又称"北斗七星"，

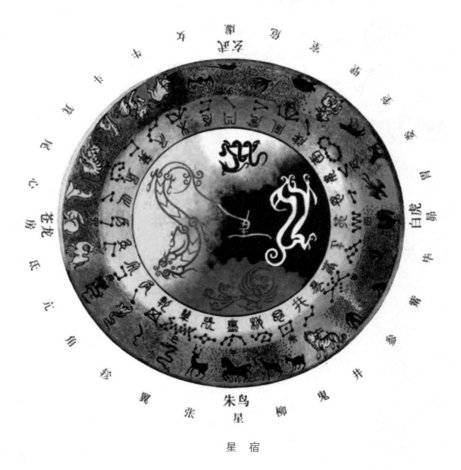

星宿

指在北方天空排列成斗形（或杓形）的七颗亮星。七颗星的名称是：天枢、天璇、天玑、天权、玉衡、开阳、摇光。排列如斗杓，故称"北斗"。根据北斗星便能找到北极星，故又称"指极星"。屈原《九歌》："操余弧兮反沦降，援北斗兮酌桂浆。"《古诗十九首》："玉衡指孟冬，众星何历历。"玉衡是北斗星中的第五星。《小石潭记》中用"斗折蛇行"，形容像北斗星的曲线一样弯弯曲曲。

【北极星】星座名，是北方天空的标志。古代天文学家对北极星非常尊崇，认为它固定不动，众星都绕着它转。其实，由于岁差的原因，北极星也在变更。三千年前周代以帝星为北极星，隋唐宋元明以天枢为北极星，天文学家预计一万二千年以后，织女星将会成为北极星。

【彗星袭月】彗星俗称扫帚星，彗星袭月即彗星的光芒扫过月亮，按迷信的说法是重大灾难的征兆。如《唐雎不辱使命》中："夫专诸之刺王僚也，彗星袭月。"

【白虹贯日】"虹"实际上是"晕"，是大气中的一种光学现象。这种现象的出现，往往是天气将要变化的预兆，可是古人却把这种自然现象视作人间将要发生异常事情的预兆。如《唐雎不辱使命》中："聂政之刺韩傀也，白虹贯日。"汉代邹阳《狱中上梁王书》："昔荆轲慕燕丹之义，白虹贯日，太子畏之。"说的是燕太子丹厚养荆轲，让其刺秦王，行前已有天象显现，太子丹却畏其不去。

【运交华盖】华盖，星座名，共十六星，在五帝座上，今属仙后座。旧时迷信，以为人命中犯了华盖星，运气就不好。鲁迅《自嘲》诗："运交华盖欲何求，未敢翻身已碰头。"

【月亮的别称】月亮是古诗文

提到的自然物中最突出的被描写的对象。它的别称可分为：

（1）因初月如钩，故称银钩、玉钩。

（2）因弦月如弓，故称玉弓、弓月。

（3）因满月如轮如盘如镜，故称金轮、玉轮、银盘、玉盘、金镜、玉镜。

（4）因传说月中有兔和蟾蜍，故称银兔、玉兔、金蟾、银蟾、蟾宫。

（5）因传说月中有桂树，故称桂月、桂轮、桂宫、桂魄。

（6）因传说月中有广寒、清虚两座宫殿，故称广寒、清虚。

（7）因传说为月亮驾车之神名望舒，故称月亮为望舒。

（8）因传说嫦娥住在月中，故称月亮为嫦娥。

（9）因人们常把美女比作月亮，故称月亮为婵娟。

【东曦】古代神话传说中太阳神的名字叫曦和，他驾着六条无角的龙拉的车子在天空驰骋。古人便用东曦指初升的太阳。《促织》："东曦既驾，僵卧长愁。"，"东曦既驾"指东方的太阳已经出来了。

【天狼星】为全天空最明亮的恒星。苏轼《江城子》词："会挽雕弓如满月，西北望，射天狼。"其中用典皆出自星宿，雕弓指弧矢星，天狼即天狼星。屈原《九歌》中也有"举长矢兮射天狼"，长矢即弧矢星。

【老人星】为全天空第二颗最明亮的星，也是南极星座最亮的星。民间把它称作寿星。北方的人认为若能见到它，便是吉祥太平的事。杜甫诗云："今宵南极外，甘作老人星。"

【牵牛织女】"牵牛"即牵牛星，又叫牛郎星，是夏秋夜空中最亮的星，在银河东。"织女"即织女星，在银河西，与牵牛星相对。《古诗十九首》："迢迢牵牛星，皎皎河汉女。"唐代诗人曹唐《织女怀牵牛》："北斗佳人双泪流，眼穿肠断为牵牛。"

【银河】又名银汉、天河、天汉、星汉、云汉，是横跨星空的一条乳白色亮带，由上千亿颗以上的恒星组成。曹操《观沧海》："星汉灿烂，若出其里。"陈子昂《春夜别友人》："明月隐高树，长河没晓天。"苏轼《阳关曲》："暮云收尽溢清寒，银汉无声转玉盘。"秦观《鹊桥仙》词："纤云弄巧，飞星传恨，银汉迢迢暗度。"

【文曲星】星宿名之一。旧时迷信说法中，文曲星是主管文运的星宿，文章写得好而被朝廷录用为大官的人是文曲星下凡。如吴敬梓《范进中举》："这些中老爷的都是天上的文曲星。"

【天罡】古星名，指北斗七星的柄。道教认为北斗丛星中有三十六个天罡星、七十二个地煞星。小说《水浒》也受这种迷信说法的影响，将梁山泊一百零八名大小起义头领附会成天罡星、地煞星降生。

【云气】古代迷信说法，龙起生云，虎啸生风，即所谓"云龙风虎"。又说真龙天子所产生的地方，天空有异样云气，占卜测望的人能够看出。如《鸿门宴》："吾令人望其气，皆为龙虎，成五采，此天子气也。"

【农历】我国长期采用的一种传统历法，它以朔望的周期来定月，用置闰的办法使年平均长度接近太阳回归年，因这种历法安排了二十四节气以指导农业生产活动，故称农历，又叫中历、夏历，俗称阴历。古人写文章，凡用序数纪月的，大多以农历为据。如《游褒禅山记》"至和元年七月某日"，《石钟山记》"元丰七年六月丁丑"，农历的六月、七月相当于公历的七月、八月。

【二十四节气】是我国古代历法的一个重要组成部分。古人根据太阳一年内的位置变化以及所引起的地面气候的演变次序，把一年三百六十五又四分之一的天数分成二十四段，分列在十二个月中，以反映四季、气温、物候等情况，这就是二十四节气。每月分为两段，月首叫"节气"，月中叫"中气"。二十四节气的名称和顺序为：

正月　立春、雨水　二月　惊蛰、春分

三月　清明、谷雨　四月　立夏、小满

五月　芒种、夏至　六月　小暑、大暑

七月　立秋、处暑　八月　白露、秋分

九月　寒露、霜降　十月　立冬、小雪

十一月　大雪、冬至十二月　小寒、大寒

为了便于记忆，人们还将二十四节气编成了顺口的歌谣："春雨惊春清谷天，夏满芒夏暑相连，秋处露秋寒霜降，冬雪雪冬小大寒。"古诗文中常用二十四节气来纪日，如《扬州慢》："淳熙丙申至日，予过维扬。"夏至白天最长，冬至白天最短，因而古人称夏至、冬至为至日，这里指的是冬至。

【初阳】约在农历十一月，冬至以后、立春以前的一段时间。此时阳气初动，故称"初阳"。《孔雀东南飞》："往昔初阳岁，谢家来贵门。"

【四时】指春夏秋冬四季。农历以正月、二、三月为春季，分别称作孟春、仲春、季春；以四月、五月、六月为夏季，分别称作孟夏、仲夏、季夏；秋季、冬季以此类推。欧阳修《醉翁亭记》："风霜高洁，水落而石出者，山间之四时也。"

【社日】古代农民祭祀土地神的节日，在春分前后。《永遇乐》："可堪回首，佛狸祠下，一片神鸦社鼓。"社鼓，指社日祭祀土地神的鼓声。

【初七】农历七月初七，民间有七夕乞巧的风俗。传说为牵牛织女聚会之夜。《孔雀东南飞》："初七及下九，嬉戏莫相忘。"

【下九】农历每月十九日，是妇女欢聚的日子。

【干支】天干地支的合称。天干——甲、乙、丙、丁、戊、己、庚、辛、壬、癸；地支——子、丑、寅、卯、辰、巳、午、未、申、酉、戌、亥。十干和十二支依次相配，组成六十个基本单位，古人以此作为年、月、日、时的序号，叫"干支纪法"。如《冯婉贞》："咸丰庚申，英法联军自海入侵。"咸丰，皇帝年号；庚申，干支纪年。"六十甲子"依次是：

甲子　乙丑　丙寅　丁卯　戊辰
己巳　庚午　辛未　壬申　癸酉

甲戌　乙亥　丙子　丁丑　戊寅
己卯　庚辰　辛巳　壬午　癸未

甲申　乙酉　丙戌　丁亥　戊子
己丑　庚寅　辛卯　壬辰　癸巳

甲午　乙未　丙申　丁酉　戊戌
己亥　庚子　辛丑　壬寅　癸卯

甲辰　乙巳　丙午　丁未　戊申
己酉　庚戌　辛亥　壬子　癸丑

甲寅　乙卯　丙辰　丁巳　戊午
己未　庚申　辛酉　壬戌　癸亥

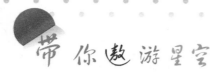

【纪年法】我国古代纪年法主要有四种：

（1）王公即位年次纪年法。这种纪年法是以王公在位年数来纪年的。如《左传·殽之战》："三十三年春，秦师过周北门。"指鲁僖公三十三年。《廉颇蔺相如列传》："赵惠文王十六年，廉颇为赵将。"

（2）年号纪年法。从汉武帝起，便开始有年号。此后每个皇帝即位都要改元，并以年号纪年。如《岳阳楼记》"庆历四年春"、《琵琶行》"元和十年"、《游褒禅山记》"至和元年七月某日"、《石钟山记》"元丰七年"、《梅花岭记》"顺治二年"、《<指南录>后序》"德祐二年"、《雁荡山》"祥符中（"祥符"是"大中祥符"的简称，宋真宗年号）"等。

（3）干支纪年法。如《五人墓碑记》："予犹记周公之被逮，在丁卯三月之望。""丁卯"指公元1627年；《〈黄花冈七十二烈士事略〉序》："死事之惨，以辛亥三月二十九日围攻两广督署之役为最。""辛亥"指公元1911年；《与妻书》"辛未三月念六夜四鼓"，"辛未"应为辛亥。近世还常用干支纪年来表示重大历史事件，如"甲午战争"、"戊戌变法"、"庚子赔款"、"辛丑条约"、"辛亥革命"。

（4）年号干支兼用法。这种纪年法是采用纪年时皇帝年号置前，干支列后的方法。如《扬州慢》"淳熙丙申"，"淳熙"为南宋孝宗赵昚（shen）年号，"丙申"是干支纪年；《核舟记》"天启壬戌秋日"，"天启"是明熹宗朱由校年号，"壬戌"是干支纪年；《祭妹文旷乾隆丁亥冬"，"乾隆"是清高宗爱新觉罗·弘历年号，"丁亥"是干支纪年；《梅花岭记》"顺治二年乙酉四月"，"顺治"是清世祖爱新觉罗·福临年号，"乙酉"是干支纪年。

【纪月法】我国古代纪月法主要有三种：

（1）序数纪月法。如《采草药》："如平地三月花者，深山中则四月花。"《〈指南录〉后序》"德祐二年二月"，"是年夏五"，"五"就是五月。《谭嗣同》今年四月，定国是之诏既下"，"八月初一日，上召见袁世凯"，"以八月十三日斩于市"。

（2）地支纪月法。古人常以十二地支配称十二个月，每个地支前要加上特定的"建"字。如杜甫《草堂即事》诗："荒村建子月，独树老夫家""建子月"按周朝纪月法指农历十一月。庾信《哀江南赋》："以戊辰之年，建亥之月，金陵瓦解。""建亥"即农历十

月。

（3）时节纪月法。如《古诗十九首》："孟冬寒气至，北风何惨栗。""孟冬"代指农历十月；陶渊明《拟古诗九首》"仲春遘时雨"，"仲春"代指农历二月。

【纪日法】同纪年法和记月法一样，我国古代纪日法也主要有四种：

（1）序数纪日法。如《梅花岭记》："二十五日，城陷，忠烈拔刀自裁。"《项脊轩志》："三五之夜，明月半墙。…""三五"指农历月中的十五日。《〈黄花冈七一十二烈士事略〉序》："死事之惨，以辛亥三月二十九日围攻两广督署之役为最。"

（2）干支纪日法。如《殽之战》："夏四月辛巳，败秦军于殽。""四月辛巳"指农历四月十三日；《石钟山记》"元丰七年

六月丁丑"，即农历六月九日；《登泰山记》"是月丁未"，指这个月的十八日。古人还单用天干或地支来表示特定的日子。如《礼记·檀弓》"子卯不乐"，"子卯"，代指恶日或忌日。

（3）月相纪日法。指用"朔、朏、望、既望、晦"等表示月相的特称来纪日。每月第一天叫朔，每月初三叫朏，月中叫望（小月十五日，大月十六日），望后这一天叫既望，每月最后一天叫晦。如《祭妹文》"此七月望日事也"；《五人墓碑记》"在丁卯三月之望"；《赤壁赋》"壬戌之秋，七月既望"；《与妻书》"初婚三四个月，适冬之望日前后"。

（4）干支月相兼用法。干支置前，月相列后。如《登泰山记》："戊申晦，五鼓，与子颖坐日观亭。"

【纪时法】我国古代纪时法主要有两种：

（1）天色纪时法。最初古人根据天色的变化将一昼夜划分为十二个时辰，名称分别是：夜半、鸡鸣、平旦、日出、食时、隅中、日中、日昳、晡时、日入、黄昏、人定。

（2）地支纪时法。古人还以十二地支来表示一昼夜十二时辰的变化，分别为：子、丑、寅、卯、辰、巳、午、未、申、酉、戌、亥。

而现代纪时法划分出的十二个时辰依次为：23～1点、1～3点、3～5点、5～7点、7～9点、9～11点、11～13点、13～15点、15～17点、17～19点、19～21点、21～23点。

天色法与地支法是我国古代诗文中最常见的两种纪时方法。如《孔雀东南飞》："鸡鸣入机织，夜夜不得息。""奄奄黄昏后，

天色纪时	夜半	鸡鸣	平旦	日出	食时	隅中	日中	日昳	晡时	日入	黄昏	人定
地支纪时	子	丑	寅	卯	辰	巳	午	未	申	酉	戌	亥
现化纪时	23-1点	1-3点	3-5点	5-7点	7-9点	9-11点	11-13点	13-15点	15-17点	17-19点	19-21点	21-23点

天色纪时法

寂寂人定初。"《李愬雪夜入蔡州》："夜半雪愈急……，愬至城下……，鸡鸣，雪止……，晡时，门坏。"《芙蓉楼送辛渐》："寒雨连江夜入吴，平明送客楚山孤。"平明是平旦的别称。再如《失街亭》："魏兵自辰时困至戌时。"《景阳冈》："可教往来客人于巳、午、未三个时辰过冈。"《祭妹文》："果予以未时还家，而汝以辰时气绝。"

《群英会蒋干中计》："从巳时直杀到未时。"

【五更】我国古代还把夜晚分成五个时段，由专门的人用鼓打更报时，所以叫作五更、五鼓，或称五夜。如《孔雀东南飞》："仰头相向鸣，夜夜达五更。"《群英会蒋干中计》："伏枕听时，军中鼓打二更。"《李愬雪夜入蔡州》："四鼓，愬至城下，无一人知者。"《登泰山记》："戊申晦，

249

五鼓，与子颖坐日观亭。"《与妻书》："辛未三月念六夜四鼓，意洞手书。"

古代夜晚时间与现代时间的对应表：

夜间时辰五更五鼓五夜现代时间

黄昏一更一鼓甲夜19~21点

人定二更二鼓乙夜21~23点

夜半三更三鼓丙夜23~1点

鸡鸣四更四鼓丁夜1~3点